水驱油田井间示踪监测技术与应用

徐建平 谢青 著

中国石化出版社

图书在版编目(CIP)数据

水驱油田井间示踪监测技术与应用 / 徐建平, 谢青著. —北京: 中国石化出版社, 2020.9
ISBN 978-7-5114-5987-9

Ⅰ. ①水… Ⅱ. ①徐… ②谢… Ⅲ. ①水驱油田-油气测井-监测 Ⅳ. ①TE341②TE151

中国版本图书馆 CIP 数据核字(2020)第 200873 号

未经本社书面授权,本书任何部分不得被复制、抄袭,或者以任何形式或任何方式传播。版权所有,侵权必究。

中国石化出版社出版发行
地址:北京市东城区安定门外大街 58 号
邮编:100011　电话:(010)57512500
发行部电话:(010)57512575
http://www.sinopec-press.com
E-mail:press@sinopec.com
北京艾普海德印刷有限公司印刷
全国各地新华书店经销

*

710×1000 毫米 16 开本 8.75 印张 164 千字
2020 年 11 月第 1 版　2020 年 11 月第 1 次印刷
定价:56.00 元

前　言

对于注水开发油田，由于油藏平面上和纵向上非均质、油水黏度的差别和注采井组内部的不平衡，造成注入水在平面上向生产井方向的舌进现象和在纵向上高渗透层的突进现象，大大降低了驱油效率。为了提高驱油效率，目前开展了以封堵窜流通道为主的综合治理措施，如注水井调剖、油井堵水、油井提液、周期注水、改变液流方向等。在实际生产过程中应该采取何种措施以及这些措施是否有效，关键取决于对油藏的认识程度。因此，需在油田开发的过程中对油藏进行精细的描述。井间示踪监测技术就是依此发展起来的油藏描述的一种重要手段。

井间示踪监测是从注入井注入示踪剂段塞，然后在周围生产井监测其产出情况，并绘出示踪剂产出曲线，不同的地层参数分布和不同的工作制度导致示踪剂产出曲线的形状、浓度高低、到达时间等不一样。示踪剂产出曲线里面包含了油藏和油井的信息，通过对示踪剂产出曲线的分析来分析和判断地层参数的分布以及数值大小。

井间示踪监测是开展油藏井间评价工作中公认的直接有效的手段之一。近年来，井间示踪监测技术发展迅速，尤其是微量物质井间示踪监测技术得到了发展和现场推广应用。井间示踪方法不仅可定性地判断地层中高渗透条带、大孔道、天然裂缝、人工裂缝、汽（气）窜通道、封闭断层、封闭隔层等的存在与否，而且可定量地求出其有关地层参数，如高渗层厚度、渗透率、平均含油饱和度、裂缝渗透率、裂缝宽度、汽窜参数等，为后续的开发提供指导和依据。

本书介绍了井间水驱示踪监测技术的理论研究及应用成果，内容涉及井间示踪测试解释原理、示踪剂类型及测试工艺、测试解释方法及综合确定剩余油饱和度方法、高灵敏度检测仪器、示踪解释软件、注水开发油田测试解释应用以及示踪剂用量优化设计应用等方面。其中谢青进行了各章节内容编写，徐建平进行统稿和审阅定稿，在本书编写过程中，得到刘同敬老师的帮助和支持，在此表示感谢！同时也向书中所引用文献的所有专家和学者表示感谢！

由于作者理论水平和实践经验有限，书中不妥之处在所难免，敬请读者批评指正。

目 录

第一章 概述 1
    第一节 井间示踪测试的作用和意义 1
    第二节 井间示踪剂测试与解释方法的发展历史 4
    第三节 井间示踪的技术特点 5
    第四节 井间示踪测试成果 6

第二章 井间示踪测试基本原理 10

第三章 示踪剂的类型及测试工艺 20
    第一节 示踪剂的类型 20
    第二节 井间示踪现场测试工艺 23

第四章 井间示踪测试解释方法 29
    第一节 井间示踪解析方法 29
    第二节 井间示踪数值模拟法 32
    第三节 井间示踪半解析方法 37

第五章 井间示踪测试综合确定剩余油的原理与方法 45
    第一节 概述 45
    第二节 综合解释方法基本原理 46
    第三节 综合解释确定剩余油饱和度分布方法 47
    第四节 双示踪剂测试确定剩余油饱和度分布原理和方法 61

第六章 新型示踪样品检测仪 ICP-MS 65
    第一节 ICP-MS 检测原理 68
    第二节 地下水分析方法 72

第七章 井间示踪测试解释软件简介 74
    第一节 概述 74
    第二节 综合解释软件简介 75

第三节　综合解释软件总体结构 …………………………………… 78

　　第四节　示踪测试综合解释软件功能实现 …………………………… 78

第八章　井间示踪测试综合解释应用 …………………………………… 82

　　第一节　微量元素井间示踪测试应用 ………………………………… 82

　　第二节　多井组放射性井间示踪集中测试应用 ……………………… 99

第九章　微量物质示踪剂用量优化设计应用 …………………………… 116

　　第一节　微量元素井间示踪剂用量设计方法 ………………………… 116

　　第二节　微量元素井间示踪剂用量计算 ……………………………… 127

参考文献 ………………………………………………………………………… 131

第一章 概 述

第一节 井间示踪测试的作用和意义

油田开发的过程是一个逐步深化认识油藏的过程，目前国内部分油田处于油藏开发的中后期，急需较为准确量化的油藏开发状况及开发矛盾描述，并进一步认识剩余油分布状况。其中，一个最主要方向是对井间、层间、层内驱替状况、剩余潜力及重要特征参数的认识，井间监测技术提供了认识手段，其深度开发应用将对今后注水油田开发方式与开发调整具有重要的价值和应用意义。

目前针对油田开发中后期井间参数分布方面的研究方法和实用技术较多，不同的研究方法和研究手段可以得到不同范畴的参数情况。单种技术确定剩余油分布的难度很大，适用性也差。但是只要能够确定更为精细的流动单元、能够反映目前井间储层变异状况的地质模型，结合吸水产液剖面测试，就能够通过数值模拟技术确定更为准确的剩余油分布。这样，就将更为准确的剩余油分布的确定归结为目前油藏地质模型的准确描述上来，而这正是井间示踪监测技术的优势，即井间示踪测试辅助油藏动静态描述的功能。

下面以各种方法适用的范畴说明一下井间示踪测试的定位情况。

以渗透率和饱和度为例进行说明。渗透率与含油饱和度的分布主要包括三个层次的内容：一是井筒周围的参数变异情况。二是垂向多层参数分布的差异。三是层内平面非均质性与层内垂向非均质性的问题。针对不同的研究层次和范围，对应不同的研究手段。按照研究的范围可以把研究方法划分为五大类：

1. 涉及整个油藏

1）物质平衡计算

物质平衡计算包括基于物质守恒基础上的各种形式的物质平衡解析公式、水侵计算、经验关系式等。该方法主要来确定精度要求不高、针对整个研究范围的参数情况。

2）全区模拟

该方法的两个极端情况具有不同的精度级别，一种极限是较为粗糙的全区模拟，即平面网格划分相对于注采量来讲偏大很多，垂向层系划分不能够具体到渗流单元,也就是说,考虑隔层发育、小层沉积、射孔影响等,甚至经常采用合层处理的方法来减少网格数目,此时得到的结果实际上是更为精细的物质平衡结果;另外一种极限是基于渗流单元来建模的,此时充分考虑储层的天然非均质和人为开发造成的非均质,这样得到的结果才可以较为准确地描述渗流特征,得到相关参数的分布情况。在模拟软件允许、计算机速度较快、模拟时间宽松的情况下,一般尽可能将储层划分得更细。

2. 涉及整个井网

1) 多井试井

多井试井主要确定井间连通性,较为可靠的解释参数是表皮因子和井间导压通道的平均渗透率大小。该方法得到的剩余油饱和度可靠性偏差,同时,在解释过程中,解析公式的应用容易受限,尤其是断块油气藏更是如此。

2) 井组模拟

作为后期评价和推广的需要,可能在区块的某一个井组范围内开展矿场前期试验研究,这种情况下,一般不必要建立全区地质模型,而只需要考虑试验井组范围就可以了;绝大多数情况下,只要适当地外扩模拟范围就能够满足现场精度需要。但是,在有些情况下,比如区块局部注采不平衡,造成平面上和层间压力的分布具有区域性,此时存在的整体漂移现象可能对生产动态产生较大的影响,因此在不考虑漂移得到的模拟结果可靠性降低;另外,井组外围的虚拟边界问题一直没有得到较好的解决。

3) 井间示踪剂测试

井间示踪测试包括两个方面的测试内容:一方面是井间连通性问题,另外一方面是直接或者辅助确定井间高渗通道、裂缝剩余油饱和度问题。该方法的解释精度已经从理论上、实验室和矿场试验中得到证实,而且它是极少数可以准确测定井间参数的方法之一,近年在国内各个油田,包括水驱区块、蒸汽吞吐区块、蒸汽驱区块、非混相驱区块、混相驱区块、三次采油区块等,得到试验和推广。对区块开发动态的准确分析提供了有力和直接的手段。

3. 涉及局部井网

1) 长距离电测井(裸眼)

常规测井基本都是针对井壁周围和井筒周围开展研究的,长距离电测井试图得到局部井网范围内的平均参数情况。

2) 单井化学示踪剂法

单井化学示踪剂是目前一种已经完全成熟的方法和工艺,在油田应用较为广泛,同时也暴露了该方法的一些缺点,正是这些原因导致目前单井化学示踪剂矿场应用减少,并有被淘汰的趋势;但是,在一些特殊情况下,该方法依然不失为一种首选。

3) 单井不稳定试井

单井不稳定试井从原理来讲，它测定的较为可靠的参数主要是测试井的表皮因子和井周围的平均渗透率，在存在边界的情况下，还包括边界距离。

4. 涉及井筒附近区域

（1）电测井（裸眼）。

（2）放射性测井（下套管井）。

（3）核磁测井以及其他特殊测井方法。

（4）井壁取心。

5. 涉及井筒

（1）根据岩心直接测量。

（2）实验室岩心驱替实验。

井间示踪测试包括两个方面的测试内容：一个方面是井间连通性问题，另外一个方面是直接或者辅助确定井间高渗通道、裂缝剩余油饱和度问题。该方法的解释精度已经从理论上、实验室和矿场试验中得到证实，而且它是极少数可以准确测定井间参数的方法之一。近年在国内各个油田，包括水驱区块、蒸汽吞吐区块、蒸汽驱区块、非混相驱区块、混相驱区块、三次采油区块等，得到试验和推广，对区块开发动态的准确分析提供了有力和直接的手段。

在油田开发的中后期，几乎所有矛盾都是以这两个问题为基础的：一个是井间连通性（包括静态连通和动态连通两个方面）问题，另外一个是井间剩余油饱和度分布问题。了解和掌握油藏中井间对应关系及剩余油饱和度的宏观和微观的空间分布，是油藏经营管理决策的主要依据。

井间示踪测试与解释技术是一种确定井间地层参数（平面上可以包括单井组、多井组范围，垂向上可以包括单层、多层、层内范围）分布较为先进的技术，其技术含量高，理论研究基础扎实，解释参数可靠性好，形成了一套较为完整的理论体系。

井间示踪测试求取剩余油饱和度分布是从注入井注入示踪剂段塞，包括单示踪剂和双示踪剂两种。注入单示踪剂是指单示踪剂解释结果与地质建模结合在一起，求出剩余油饱和度的分布；双示踪剂包括分配示踪剂和非分配示踪剂。示踪剂注入完成后，在周围生产井监测其产出情况，并绘出示踪剂产出曲线，不同的地层参数分布和不同的工作制度导致示踪剂到达时间、产出曲线形状、浓度高低、峰值的宽窄等等不一样。示踪剂产出曲线里面包含了油藏和油井的信息，对于一些特殊的井间示踪剂测试来讲，比如气窜监测和（人工）裂缝监测等更是如此，通过对示踪剂产出曲线的分析来计算和判断地层参数的分布以及数值大小。这一技术是近年来发展起来的对油藏进行精细描述、动态分析的一种重要手段。不仅可定性地判断地层中高渗透条带、大孔道、天然裂缝、人工裂缝、气窜通道、汽窜通道、封闭断层、封闭隔层等的存在与否，而且可定量地求出高渗条带、大孔道、天然裂缝、人工裂缝、气窜通道、汽窜通道的有关地层参数，如高渗层厚度、渗透率、平均含油饱和度、裂缝渗透率、裂缝宽度、汽窜参数等，并且可以进一步求出孔道半径，为后续的开发提供指导和依据，比如，可以作为调剖堵水中堵剂类型的选择及堵剂用量的大小提供可靠的依据。

井间示踪剂测试的主要目的可以分为五类：一是储层井间动态连通特征的测定，包括井间连通与否、高渗通道类型、发育方向、高渗通道参数确定等；二是人工补充能量的利用状况和渗流状况监测，包括井间注采受效对应关系、注水利用率、波及体积、平面突进的非均匀特征等；三是储层参数静态非均质特征的监测，包括垂向注剂突破的非均匀特征、层内流动单元参数变异程度、井间特殊渗流通道发育程度；四是利用双示踪剂方法直接测定井间残余油饱和度的数值；五是综合研究确定井间剩余油饱和度分布。其中确定剩余油饱和度分布是井间示踪剂测试无法单独完成的，需要结合其他方法综合解释和处理得到。

第二节　井间示踪剂测试与解释方法的发展历史

1964 年，Brigham 和 Smith 为预测示踪剂在水驱五点井网中的突破时间和峰值浓度，介绍了一种简单的半解析模型。他们认为，示踪剂脉冲从注入井到生产井作径向运动，穿越均质的、互不连通的地层，而且在流动方向上存在径向上的弥散，用层数、厚度以及渗透率表示油层的非均质性。

1971 年，Cooke 提出将色谱理论用于测量剩余油饱和度。他认为，将含两种示踪剂的溶液注入一口井，然后从附近的另一口井中产出；如果两种示踪剂分配系数不同，那么从注入井到产出井的流动过程中，它们将会发生分离，由此证明两种示踪剂的分离程度与剩余油饱和度的数值有定量的关系，这相当于分析混合物所用解析色谱带中的分离现象，也是井间示踪剂测试剩余油饱和度的基本原理。

1982~1984 年，Brigham 和 Abbaszadeh 等改进了这一模型，并提供了流管中有径向弥散的流动方程的解析解。这是把示踪剂峰值响应与注入示踪剂数量联系起来的仅有的文章，一直作为示踪剂解析法解释的基本依据。

1987 年，Pope 等编制了三维三相多组分化学驱模拟器 UTCHEM，应用该模拟器可以对示踪剂流动进行数值分析，但模型过于复杂。

1989 年，J. S. Tang 提出了分配性示踪剂的应用解释方法，可以用来解释井间平均剩余油饱和度。

以前单井示踪剂迅速发展的时期，井间示踪剂测试却没有得到较快的发展，主要原因是缺少性能较好的示踪剂和较为完善的测试解释技术；随着计算机的发展,部分有关的解释软件相继完成并尝试着应用于矿场实践中,目前应用的软件主要有解析方法、数值方法以及半解析方法。其中解析方法有关软件来源于20世纪80年代国外的教学软件,由于该方法的局限性,国外目前已经基本不再使用,而国内尚在矿场实际测试解释中广泛使用;半解析方法是目前一种很新的较为可靠的解释方法。同时可解释的参数范围不断扩大,解释的精度不断提高,逐渐为矿场实践所认可。最近几年,国内和国外开始进行了较为广泛的矿场试验,取得了一定的成果和结论,主要原因是由于现在有了性能更好的示踪剂和测试解释技术以及软件。

第三节 井间示踪的技术特点

1. 测试时机优势

对于开发中后期的油藏来讲,一方面,井筒测试结果不能完整地反映整体和井间油藏的动用状况;另一方面,目前进攻型治理、调整措施逐步向井间挖潜转移,因此,单纯井筒附近的测试结果已经不能满足调整的需要。另外,原始的测试资料已经不能反映后期油藏参数的变化特征和范围。

对于开发初期的油藏来讲,井间示踪测试技术的主要优势在于直接认识井间的特殊渗流介质和产出水源。而这些资料和认识,一般不能通过井筒测试提供完整的认识。

因此,目前很多油田提出了油藏管理的方向之一为:由单纯的井筒管理转向井筒+井间双重管理。其中,井间测试技术就是其中新兴和必需的技术手段,适应了目前开发调整的时机。

2. 井间示踪测试方法特点

目前,井间测试技术主要包括:
(1)井间示踪监测技术。
(2)井间电位测试技术。
(3)地球化学的油水指纹技术。
(4)井间试井技术。
(5)井间地震技术。
(6)井间微地震技术。
(7)井间电磁成像技术。

其中,井间示踪监测技术:定量、半定量、定性了解注采井间渗流参数、波及状况及其他需要通过了解井间实际连通状况来认识和解决的问题;井间电位测试技术:定性了解注水井周围注水突进状况,尤其是裂缝、大孔道发育的地层;井间地震技术:从较大尺寸宏观强化井间连通认识,同时,在驱替液与被驱替液地震波传播特征差距较大的过程中，从较大尺寸的角度了解井间驱替状况；地球化学的油、水指纹技术：在不同沉积储层中的油、水长期和储层岩石矿物组分相互作用导致来自不同储层的油、水具有不同的标记性化合物（即指纹特征），通过建立理论模型可有效判别储层的边、底水，油藏的压力、温度场，结垢状况，建立产油、产水剖面，了解油源及贡献率；井间试井技术：在相对高渗储层及裂缝型储层，驱替液与被驱替液压力波传播特征差距较大的过程中，定性、半定量了解井间连通状况和驱替状况；井间微地震技术：在易于产生微裂缝张开的注水过程中，定性地了解部分注水突进方向；井间电磁成像技术：精度、分辨率、准确性均较差，目前处于基础研究尝试阶段。

3. 测试技术配套优势

井间示踪技术经过不断的油田开发实践，逐渐形成和完善了示踪剂筛选原则、用量设计、选井原则上的系统方法，并于2004年形成了国内最新行业技术标准和规范。

第四节　井间示踪测试成果

一般来讲，井间示踪剂测试的解释成果包括直接解释成果与间接解释成果两部分。

井间示踪剂测试通过对产出曲线特征（包括示踪剂突破时间、曲线形状、浓度高低、峰值特征、浓度下降特征等）的合理解释，结合其他油藏工程方法和井筒测试方法，比如吸水剖面、物质平衡、井史拟合等，可以直接得到的解释成果包括：

（1）平面、纵向、层内高渗条带、大孔道、裂缝的分布情况和参数。

（2）井间断层以及井周围水泥环、隔层封闭情况。

（3）对应井间注采受效情况、程度和能量补充的方向。

（4）注入能量的利用率、波及特征、驱替特征。

（5）指导措施设计和评价措施适用性。

（6）井间流场分布特征，确定水源及方向、速度。

（7）确定平均剩余油（残余油）饱和度（理想情况下）等。

可以间接得到的成果包括：

（1）重建或者修正、完善地质模型，为剩余油分布等地层参数求解提供数据。

（2）检验剩余油饱和度分布求解结果的准确性和正确性等。

（3）综合其他油藏工程方法确定开发调整方向和措施完善方向。

（4）为认识和解决平面、层间、层内的非均质矛盾、动态矛盾提供最直接的依据。

以上参数不一定在一次测试中都要得到,应该根据油藏实际情况,设计测试的工艺和取样制度,然后针对要解决的主要矛盾来进行解释,得到较为可靠的结果。

大部分井间示踪剂测试的主要目的并不是针对一个特定井组来做工作的,很多时候,是想借助于某一井组或者部分井组的示踪剂测试,得到能够反映整个区块或者整个开发模式下,开发过程中油藏动态所具有的普遍规律,从而开展后期的开发调整和措施配置以及工艺设计;也就是说,示踪剂测试的结束不代表现场工作的完结,而是现场调整的开始。在完成一次示踪剂测试之后,接下来的后续工作主要包括:

(1) 调剖堵水设计及预测。
(2) 选择堵剂类型及用量。
(3) 确定整体措施方向。
(4) 措施效果预测。
(5) 开发效果评价与预测。
(6) 确定层系调整的对象及开发方式。
(7) 开发调整方案设计。
(8) 有关工艺选择和设计。

就油藏类型而言,从稠油到稀油,从砂岩到砾岩、灰岩,从低渗到高渗,从薄互层油藏到块状油藏。

从开发阶段而言,有开发早期,也有开发中期,更多则是开发中后期。

从监测过程而言,有汽驱监测,也有非混相驱监测,更多则是水驱监测。

从监测对象来看,包括裂缝、大孔道、水淹通道、汽(气)窜通道、高渗层、边水等。

从监测方式来看,包括笼统注入监测、分段注入监测等。

以井间示踪测试针对的问题进行归类:

(1) 三次采油决策及评价。

利用示踪监测确定注入驱替剂的驱替方向、速度、利用率,结合矿场试验效果,推断油藏作用机理,评价三次采油的适用性,总结开发规律;通过分层测试,结合产液吸水测试结果,评价油藏动用规律;通过不同驱替阶段井间示踪对比分析,评价不同阶段动用特征,形成后期决策依据。

(2) 调剖堵水决策及评价。

包括两个环节:调剖堵水前,通过示踪监测,了解井间渗流介质的非均质特征和发育特征,明确注入水的利用率和循环方向,为调剖用剂筛选、用量设计、段塞确定、工作制度调整提供直接的参考依据;调剖堵水后,评价调堵效果,发现调堵中存在的问题，确定调堵后油藏动态特征。

(3) 井间特殊渗流通道和油层非均质状况监测。

一类是沉积过程中形成的裂缝、微裂缝、高渗界面、局部河道砂等特殊渗流通道，另外一类为长期注水开发过程中形成的大孔道以及高渗条带等特殊通道。通过井间示踪产出特征定性和定量分析，评价特殊渗流通道的类型、参数大小、对开发的影响等，形成综合治理的认识和方向。

(4) 井间水淹情况监测。

在储层沉积发育复杂的情况下，后期剩余油分布复杂，此时，通过井间示踪技术，一方面可以确定强水洗或者水淹的方向和程度；另外一方面，在某些情况下，可以采用双示踪剂方法确定其剩余油饱和度的相对大小。

(5) 注水利用状况监测。

在开发的后期，由于普遍高含水，难以判断井组的注水利用率大小。通过井间示踪技术，定量确定井间无效循环水的方向、比例，为后期治理和进一步的挖潜提供定量依据和认识，提高措施的针对性。

(6) 汽(气)窜及边水指进等特征监测。

在蒸汽吞吐以及蒸汽驱油藏中，汽窜是造成稠油油藏中后期开发效果变差的决定性因素，通过井间示踪技术，一方面可以发现早期的汽窜，早发现早治理；另一方面可以定量确定汽窜的大小和控制程度。在非混相驱替或者火烧油层过程中，则可以监测气窜的特征，反推地下规律和状况。

(7) 井间连通性和断层密闭性监测等。

(8) 注入剂波及状况和注入流体的分布状况。

(9) 三次采油(含非混相驱)等采油机理监测。

只要是需要明了井间流体运移可以解决的问题，在合理的时间范围内，通过合理设计，多数可以通过井间示踪技术来全部或者部分认识清楚，而且经常监测到意料之外的动态特征。

(10) 其他方面。

① 多向受效的问题。

② 层间或者管外窜的问题。

③ 断层处不同层系水窜的问题。

④ 沿断层平面水窜的问题。

⑤ 压裂等措施效果评价的问题。

⑥ 确定层间动用差异储层非均质评价的问题。

⑦ 确定产出水源的问题。

⑧ 井组注采平衡的问题。

⑨ 双重介质特征监测的问题动态跟踪分阶段评价问题。

⑩ 微生物驱油评价的问题。
⑪ 日常驱油动态监测的问题。
⑫ 开发矛盾监测的问题。
⑬ 残余油饱和度测定的问题。
⑭ 辅助确定剩余油分布的问题。
⑮ 部分油层物理作用机理宏观研究。
⑯ 生产过程中遇到的其他需要井间监测的问题。

以上参数不一定在一次测试中都要得到,根据油藏实际情况,设计测试的工艺和取样制度,针对要解决的主要矛盾来进行解释,得到较为可靠的结果。

井间示踪测试技术20世纪50年代在我国玉门油田就开始应用,迄今为止已在大庆、吉林、辽河、胜利、华北、大港、中原、新疆、江苏、吐哈、塔里木、长庆、南阳、冀东、青海、江汉等油田广泛应用。其中大港、胜利油田主要确定井组连通性、油水井间高渗层、断层性质、测定剩余油饱和度等,吉林油田主要监测低渗油田裂缝发育及剩余油分布,辽河油田确定稠油油田水驱监测、汽窜监测、非混相驱监测等,这些油田每年都要完成几十至上百个井组的监测任务。大庆油田井间示踪剂监测所用示踪剂类型大多是化学示踪剂(硫氰酸铵、碘化钾、溴化钠)和放射性同位素示踪剂(氚水)判断油藏的连通性,侧重于了解聚驱、三元驱试验区块的地层连通情况,以及裂缝连通情况及裂缝走向。国外自20世纪50年代较早地开展了井间示踪的室内基础实验、基础理论研究,并规模开展了矿场试验和工业性应用,目前来讲,加拿大、美国、挪威、我国周边产油国家等主要依靠人工能量驱替采油的国家,都开展了井间示踪的工业性应用。

第二章　井间示踪测试基本原理

1. 井间示踪测试

井间示踪监测技术是在注水井中注入一种水溶性示踪剂，在周围监测井中取水样(图2-1)，分析所取水样中示踪剂的浓度，并绘出示踪剂产出曲线，应用示踪剂解释软件对示踪剂产出曲线进行分析，就可以确定油藏非均质情况。

图2-1　井间示踪注采示意图

示踪剂从注水井注入后，首先随着注入水沿高渗层或大孔道突入生产井，示踪剂的产出曲线会逐渐出现峰值，同时由于储层参数的展布和注采动态的不同，曲线的形状也会有所不同。典型的示踪剂产出曲线如图2-2所示。在主峰值期过去之后，由于次一级的高渗条带和正常渗透部位的作用，会继续产出示踪剂，当所有峰值期过去以后，示踪剂产出浓度基本稳定在相对低一些的某一浓度附近，并且会持续较长的一段时间，随着时间的延长，示踪剂的回采率也会逐渐增加。

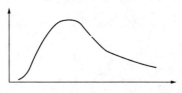

图2-2　单示踪剂产出曲线示意图

在注入水没有外流的情况下，油层越均质，注水利用率越高，则见示踪剂时间越晚。反之，短时间内见到示踪剂，说明注入水沿高渗层窜流，储层非均质性强，开发效果差。

示踪剂是注水井与采油井之间的物质传递，对于均质或相对均质地层，只有当示踪剂之前的大部分可动流体被驱替至采油井之后，示踪剂才可能产出。示踪剂在地层的运移速度从每天零点几米到每天几米不等，对于有特殊高渗层存在的情况下，运移速度可以达到每天十几米以上，但运移的速度远小于油水井之间的压力传播速度。

2. 示踪剂的孔隙流动

井间示踪剂是指那些易溶、在极低浓度下仍可被检测、用以指示溶解它的流体在多孔介质中的存在、流动方向和渗流速度的物质。一种好的示踪剂应该满足：在地层中背景浓度低；在地层中滞留量少；化学稳定，生物稳定，与地层流体配伍；分析操作简单，灵敏度高；来源广，成本低等特点。目前常用的示踪剂类型有化学示踪剂、同位素示踪剂和特殊化学示踪剂，主要包括有硫氰酸铵（NH_4SCN）、硝酸铵（NH_4NO_3）、氚水和各类稀土的稳定络合物等。

孔隙介质中，溶于水中的示踪剂与水形成混相液，其受对流和扩散的影响。对流是由注入和产出引起流体整体的运动。扩散是单个示踪剂微粒运动（这种微粒在孔隙介质的弯曲孔隙通道中以可变化的速度运动）引起的。由于这种无规则的运动，在混相液中就形成一个过渡带（或混相区），过渡带的大小是由孔隙介质的扩散特征所决定的。

一般情况下，水动力扩散方向有两个——沿流动方向（纵向扩散）或与流动方向垂直（横向扩散），分别见一维情况下纵向扩散示意图和横向扩散示意图（图2-3、图2-4）。纵向扩散示意图中浓度曲线呈S形，开始浓度很小，以后逐渐增加，这表明示踪剂在流动方向上有某种超越，即纵向扩散。若没有纵向扩散现象，其关系曲线将如图上的虚线所示（图2-3）。横向扩散示意图中，当没有横向扩散时，示踪剂的流动将保持一条线状，并由A到B，B到C，C到D，离开这条线就观察不到示踪剂（图2-4）。实际上由于横向扩散现象，示踪剂要垂直于流动方向扩散，其波及距离随时间增大而加大。但是在实际应用中，相比于纵向扩散，横向扩散对液体间混合带的大小影响很小。

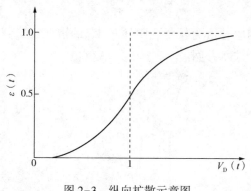

图2-3 纵向扩散示意图

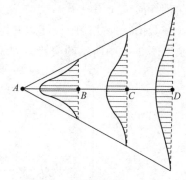

图2-4 横向扩散示意图

水动力扩散并不是产生混合的唯一根源，在每个孔隙中发生的沿每条流线或横穿每条流线的分子扩散也是原因之一。然而，除非驱替是以非常低的速度进行，分子扩散的影响可以忽略不计（这在绝大多数测试中都是满足的，因为测试监测的一般是高渗的通道）。因此纵向水动力学扩散是确定孔隙介质中两相流之间的混合带的主要因素。如果已知孔隙介质的扩散特性，混合带中每种液体的含量可作为位置的函数来计算。如果没有黏性指进，确定一维混合带中混合的通用方程为：

$$\frac{C}{C_0} = \frac{1}{2}\text{erfc}\left(\frac{L-\bar{S}}{\sqrt{2\sigma^2}}\right) \tag{2-1}$$

式中　C——任一时刻任一点处非分配示踪剂浓度；

　　　C_0——注入非分配示踪剂浓度；

　　　L——任一点运移的距离；

　　　$\bar{S}$——示踪剂运移距离；

　　　$\text{erfc}(x)$——误差余函数；

　　　σ——混合带长度的标准偏差。

如果与纵向扩散相比，横向扩散可以忽略，可以得到混合带长度的标准偏差通用方程如下：

$$\sigma^2 = 2\alpha u^2 \int_0^s \frac{\mathrm{d}L}{u^2} \tag{2-2}$$

式中　α——弥散系数；

　　　u——运移速度。

3. 均质井网示踪剂产出曲线

当一个示踪剂段塞被注入油藏，随后通过同样流度的驱替液将其向生产井推进时，生产井中示踪剂浓度的连续测量结果就组成了一条示踪剂突破曲线。根据以前的研究成果可以从数学上确定这些示踪剂突破曲线的方程。这是一种通用方法，它可被推广到任何井或任意流动的几何形状。下面以交错行列井网为例，将数学推导简单介绍一下。

在交错行列井网中，注入井网的驱替液为任意孔隙体积 V_{pD} 的情况下，假设一个如图 2-5 中所示的交错行列驱的注水井网。

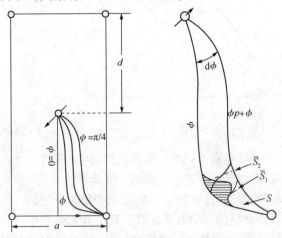

图 2-5　交错线性驱替井网流管示踪剂流动剖面

将一个示踪剂段塞注入本井网,然后,用另一种液体驱替示踪剂段塞,使之流过地层。

假定此示踪剂段塞具有和前后液体相同的流度。在任何流管中,段塞前缘和后缘都会产生混合。因此,流管内任意处的示踪剂浓度就是两项之差,可以表示为:

$$\frac{C(\varphi)}{C_0} = \frac{1}{2}\mathrm{erfc}\left(\frac{L-\bar{S}_1}{\sqrt{2\sigma_1^2}}\right) - \frac{1}{2}\mathrm{erfc}\left(\frac{L-\bar{S}_2}{\sqrt{2\sigma_2^2}}\right) \tag{2-3}$$

式中 φ——流管;

$C(\varphi)$——流管任一点处示踪剂浓度;

C_0——注入浓度。

在没有吸附、扩散和反应的情况下,流管内的示踪剂段塞在注入过程的任何时间都保持不变,但未稀释的示踪剂宽度($W=\bar{S}_1-\bar{S}_2$)是此处流管宽度的函数。

如果段塞与流管相比较小(一般测试满足该条件),对误差余函数进行变形,得到较为简化的形式:

$$\frac{C(\varphi)}{C_0} = \frac{W}{\sqrt{2\pi\sigma^2}}\exp\left[-\frac{(L-\bar{S})^2}{2\sigma^2}\right] \tag{2-4}$$

考虑实际测试过程中可能存在工作制度的变化,因此,用体积来表示比用距离表示更方便。

相关文献中已详细地进行了推导,得到最终结果如下:

$$\frac{C(\varphi)}{C_0} = \frac{\sqrt{K(m)}\,K'(m)\sqrt{\frac{a}{\alpha}}F_r}{\pi\sqrt{\pi Y(\varphi)}} \cdot \exp\left\{-\frac{K(m)K'(m)\frac{a}{\alpha}[V_{pDbt}(\varphi)-V_{pD}]^2}{\pi^2 Y(\varphi)}\right\} \tag{2-5}$$

式中 F_r——按照井网孔隙体积计量的注入示踪剂段塞的大小,一般为小数,表达式为:$F_r = \dfrac{V_{Tr}}{A\phi h S_w}$;

a——同类井之间的距离;

A——井网面积;

$C(\varphi)$——流管上示踪剂浓度;

C_0——示踪剂注入浓度;

$K(m)$——一类互补完全椭圆积分;

$K'(m)$——一类互补椭圆积分;

α——混合或者扩散长度;

V_{pD}——注入井网孔隙体积倍数,表示为:$V_{pD} = \dfrac{V_{pD}-V_{pDbt}}{1-V_{pDbt}}$;

V_{pDbt}——示踪剂突破时注入孔隙体积倍数；

$V_{pDbt}(\varphi)$——某一流线上示踪剂突破时注入孔隙体积倍数。

方程(2-5)中的 $Y(\varphi)$ 与混合线积分有关。由于所研究井网的流线精确方程是已知的，系统中任意点的流体速度可通过流函数微分和使用柯西—黎曼关系式来计算。

$Y(\varphi)$ 的定义如下：

$$Y(\varphi) = (1+\eta)^{1.5} \int_0^{f^2(\overline{w})} \frac{\sqrt{t}\,\mathrm{d}t}{(t^2+2\beta t+1)(t^2+2\beta\eta t+\eta^2)(t^2+\eta)} \quad (2-6)$$

式中 $\beta = m - m_1$；

$\eta = \tan^2(\varphi)$；

φ——以弧度表示的流线；

$f^2(\overline{w})$——根据各种椭圆函数表达的积分上限(在开采井处的接近无限大)。

生产井流出的示踪剂浓度为各条流管上面示踪剂浓度的叠加，可以用积分表示如下：

$$\frac{\overline{C}}{C_0} = \frac{\int_0^{\frac{\pi}{4}} q \frac{C(\varphi)}{C_0}\mathrm{d}\varphi}{\frac{Q}{8}} = \frac{4}{\pi}\int_0^{\frac{\pi}{4}} \frac{C(\varphi)}{C_0}\mathrm{d}\varphi \quad (2-7)$$

式中，Q 为均质井网注入速度。

将浓度进一步化简得到：

$$\overline{C}_D = \frac{4\sqrt{K(m)}\,K'(m)}{\pi^2\sqrt{\pi}} \int_0^{\frac{\pi}{4}} \frac{\exp\left\{-\frac{K(m)K'^2(m)}{\pi^2 Y(\varphi)}\frac{a}{\alpha}[V_{pDbt}(\varphi)-V_{pD}]^2\right\}}{\sqrt{Y(\varphi)}} \mathrm{d}\varphi$$

$$(2-8)$$

式中，$\overline{C}_D$ 为无量纲浓度，表达式为：

$$\overline{C}_D = \frac{\overline{C}}{C_0 F_t \sqrt{\frac{a}{b}}} \quad (2-9)$$

图2-6为交错行列注水井网的无因次浓度与注入孔隙体积倍数的关系曲线，$d/a=1.5$。正如图中所示，有一系列 a/α 比值不同的曲线。对较大的 α 值或相应较小的井距，对应的曲线就宽。这是由于 a/α 值小时混合量较大造成的。这些曲线的另一个特点是它们都表现出示踪剂产出时，V_{pD} 都小于0.8，它是这一特殊井网突破时的面积波及系数。这种早期示踪剂突破也是混合的结果。

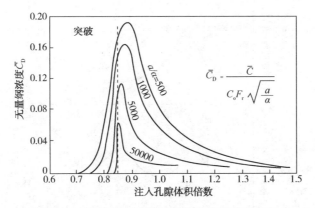

图 2-6　无因次浓度与注入孔隙体积倍数的关系

图 2-7 所示为 $a/\alpha = 500$ 时的三种不同井网的突破曲线。这些曲线也表现出相似的特征。

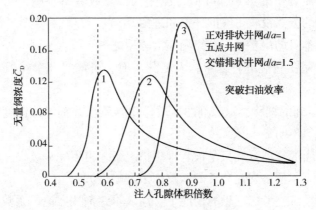

图 2-7　不同井网的突破曲线

4. 多层系统的示踪剂突破曲线

在多层油藏系统中，考虑连通系数等于 1，而且各层的注入产出严格按照地层系数的比例的情况下，完整的示踪剂产出曲线是各层响应的综合反映。单层响应可以用前面讨论的分析方法准确预测。但示踪剂到达生产井的时间和来自各层的示踪剂对浓度的影响是孔隙度、渗透率和层厚的函数。

图 2-8 是来自两层的示踪剂产出曲线：

将多层系统的实际示踪剂开采曲线分解成单层响应可得到的单层参数。但是在实际测试过程中，这只是一个极为理想的情况下才可以完成的，一般来讲，这是不可能人工完成的，尤其是非均质很强的地层，主要原因为：

（1）实际取样是间断取样，因此峰值的概念变得模糊，因为实际的峰值未必是离散点绘出的峰值。

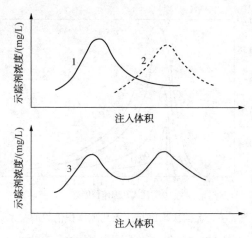

图 2-8 两层系统示踪剂浓度理想产出曲线

(2) 由于非均质的影响，峰值可能变得很宽或者不规则，几个峰值连在一起，因此峰值的分离没有足够的证据和理由。

(3) 测试本身的误差也是分离峰值的障碍之一。

(4) 可能存在峰值重叠现象，人工分离时，可能将几个峰值合为一个峰值处理。

(5) 随着时间的推移，示踪剂的扩散作用导致示踪剂峰值浓度降低，可能导致后期产出峰值不明显。

因此，上面的峰值分离只是极为理想情况下才可以完成。

下面给出简单的多层油藏总的示踪剂浓度响应方程。

对于多层系统，考虑理想的情况下，注入示踪剂按照地层系数的大小各层分配，如果 V_{Ti} 表示 i 井点注入的总量，则此点注入 j 层的孔隙体积为：

$$V_{\text{pD}j,i} = \frac{(kh)_j}{\sum kh} \frac{V_{\text{Ti}}}{A(\phi h)_j S_w} = \frac{k_j}{\phi_j \sum kh} \frac{V_{\text{Ti}}}{A S_w} \tag{2-10}$$

其中 i 点的总示踪剂浓度也是各层浓度之和：

$$\overline{C}_i = \sum_{j=1}^{N_i} \frac{(kh)_j}{\sum kh} \overline{C}_{j,i} \tag{2-11}$$

又因为 j 层的产出浓度为：

$$\overline{C}_{j,i} = C_0 \sqrt{\frac{a}{b}} F_{\tau j} \overline{C}_{\text{D}j,i} \tag{2-12}$$

式中

$$F_{\tau j} = \frac{(kh)_j}{\sum kh} \frac{V_{\text{Tr}}}{A(\phi h)_j S_w} = \frac{k_j}{\phi_j \sum kh} \frac{V_{\text{Tr}}}{A S_w} \tag{2-13}$$

$$\bar{C}_D = \frac{4\sqrt{K(m)}\,K'(m)}{\pi^2\sqrt{\pi}} \int_0^{\frac{\pi}{4}} \frac{\exp\left\{-\dfrac{K(m)K'^2(m)}{\pi^2 Y(\varphi)}\dfrac{a}{\alpha}[V_{pDbt}(\varphi) - V_{pD}]^2\right\}}{\sqrt{Y(\varphi)}} d\varphi$$
(2-14)

式中，V_{Tr} 为注入示踪剂段塞的总体积。

可以得到产出示踪剂的浓度表达式：

$$\bar{C}_i = \sum_{j=1}^{N_1} X_j \Omega(Z_j,\ V_{ti})$$
(2-15)

式中

$$\frac{k_j}{\phi_j \sum kh} \frac{(kh)_j}{\sum kh} = X_j$$
(2-16)

$$\frac{k_j}{\phi_j \sum kh} = Z_j$$
(2-17)

$\Omega(Z_j, V_{ti})$ 是两个变量的函数。

在实际油田测试解释过程中，当井间对应连通性差时，连通系数较小，此时各层井间对应关系复杂，不是简单公式所能够表达的，此时该方法就无能为力了，需要借用更为复杂的模型和解释方法，比如数值方法或者半解析方法来完成解释工作。

5. 色谱原理

除了确定井间连通参数以外，确定井间剩余油饱和度也是井间示踪剂测试的目的之一，井间示踪剂测试确定剩余油饱和度方法也是基于色谱理论的基础上的，测试开始时，在注入井同时注入两种示踪剂，由于它们在油水系统中的溶解度相差较大，因此在运移的过程中产生分离现象，根据色谱效应，分配示踪剂的产出滞后，与非分配示踪剂的产出特征存在差异。

在线性驱替系统中，示踪剂的产出可按式(2-18)用高斯峰表示：

$$\frac{C}{C_{\max}} = \exp\left[-\frac{N}{2}\left(\frac{t}{t_{\max}}-1\right)^2\right]$$
(2-18)

式中 t——产出时间；

C——时间 t 时示踪剂浓度；

$C_{\max}$——峰值时示踪剂浓度；

N——理论塔板数；

$t_{\max}$——示踪剂峰值时间。

同样，定义迟滞系数 β：

$$\beta = \frac{KS_o}{1-S_o}$$
(2-19)

式中 K——示踪剂分配系数；

S_o——剩余油饱和度。

分配示踪剂与非分配示踪剂的峰值出现时间：

$$t_{p,max} = t_{n,max}(1+\beta) \quad (2-20)$$

式中 $t_{p,max}$——分配示踪剂峰值出现时间；

$t_{n,max}$——非分配示踪剂峰值出现时间。

因此，应用式(2-20)对比示踪剂主峰之间的间隔，就可确定平均残余油饱和度。在一次井间测试中，由于连接注入井和生产井的所有流管中，产出的示踪剂在井筒混合，导致示踪剂响应变宽。此时可采用流管模型，诸如 Brigham 的解析模型或者数值模型来拟合示踪剂产出曲线，以确定剩余油饱和度。

J. S. Tang 已经证实：在一个拟单一孔隙油层中，若测试是在稳态条件下进行的，则剩余油饱和度可根据分配和非分配示踪剂剖面上的对应界标位置直接计算。界标被定义为某一时间在非分配示踪剂曲线上具有标准浓度 $[C_n/C_{n,max}]$ 的任何点。在分配示踪剂曲线上对应的界标 $[C_p/C_{p,max}]$ 是相同标准浓度的点，即：

$$\left(\frac{C_n}{C_{n,max}}\right)_n = \left(\frac{C_p}{C_{p,max}}\right)_p \quad (2-21)$$

式中 C_n——非分配示踪剂的浓度；

$C_{n,max}$——非分配示踪剂的最大浓度；

C_p——分配示踪剂的浓度；

$C_{p,max}$——分配示踪剂的最大浓度；

n、p——非分配示踪剂和分配示踪剂的标志。

分配示踪剂响应曲线上对应界标时间是非分配示踪剂对应界标时间的 $(1+\beta)$ 倍，表示如下：

$$t_p = t_n(1+\beta) \quad (2-22)$$

式中 t_p——分配示踪剂对应界标处对应的产出时间；

t_n——非分配示踪剂对应界标处对应的产出时间。

根据前面的推导，利用界标时间对应的产出体积替换时间得到：

$$Q_p = Q_n(1+\beta) \quad (2-23)$$

式中 Q_p——分配示踪剂对应界标处对应的产出体积；

Q_n——非分配示踪剂对应界标处对应的产出体积。

把迟滞系数的表达式代入，可以得到剩余油饱和度的表达式：

$$S_o = \frac{1}{1+\dfrac{k}{\dfrac{Q_p}{Q_n}-1}} \quad (2-24)$$

因此，对于每一个界标可以得到一个剩余油饱和度数值，如果测试是理想状况下进行的，则每一个界标对应的剩余油饱和度数值相等。

在实际测试过程中，上面的结果往往是不可能得到的，因为不同油藏位置产出的示踪剂，或者说，流经油藏不同位置的示踪剂接触到的剩余油饱和度不同，同时，由于两种示踪剂扩散常数、吸附系数、检测极限浓度等参数不同，实际的突破时间、标准浓度等可能意义不同，因此反映出的信息不同。这也正是一种内含的信息，需要充分利用，可以采用统计的方法或者参数校正的方法来处理。

另外，严格来讲，地下的渗流场可能每时每刻都在发生变化，几乎不可能百分之百地满足稳态的假设，因此，非分配示踪剂与分配示踪剂实际流过的路径或多或少的存在差异，加上测试存在的误差，导致界标对应标准浓度的误差，使得计算的剩余油饱和度存在误差；此时可以选取若干特征点，计算得到各个界标点对应的剩余油饱和度之后，加权平均即可。

第三章 示踪剂的类型及测试工艺

第一节 示踪剂的类型

根据示踪剂的发展和应用历史,示踪剂的类型也在不断丰富,工业应用的示踪剂类型主要有化学示踪剂(包括各种染料、盐类)、同位素示踪剂(包括氚水、氚化丁醇等各种与地层配伍的放射性药剂和非放射性药剂)、特殊化学示踪剂(包括非混相驱替过程中的干气、聚合物堵水中的聚合物、各类地层微量物质)等。

示踪剂的根本特征是其示踪特征,即示踪剂与被示踪流体行为特征同步,或者二者之间具有可以量化的联系,示踪剂的监测结果能够定量或者定性地反映被示踪流体的运移规律和特征。随着科技的发展,示踪剂的发展主要体现在两个方面:一个方面是示踪剂的类型和检测手段的更新,另一方面是示踪剂对流体的示踪由定性向半定量、定量化发展。示踪剂可分为四大类:

1. 化学示踪剂

化学示踪剂为最早示踪用剂,属于 20 世纪 50 年代的技术,主要以各类无机盐、染料、卤代烃和醇为代表,检测工具包括分光光度计、色谱分析等,检测精度能达到 $10^{-4} \sim 10^{-6}$(ppm 级)的级别。其中:

1) 无机盐

阴离子型,不稳定,加入浓度为 2%~15%,需作业泵入,分光光度计、色谱等可检测,部分有环境问题。

2) 染料

阴离子型,吸附量大,易受干扰,超过 5 天失效,分光光度计、色谱等可检测。

3) 卤代烃

一氟三氯甲烷、三氯乙烯等,有机氯对原油后期加工有影响,气相色谱检测法(最低检出限 ppm 级),加入同无机盐,有环境问题。

4) 醇类

甲醇、乙醇、正丁醇等,加入同无机盐,气相色谱检测法分析,生物稳定性差。

化学示踪剂具有用量大、需作业泵入、成本高、测试精度低、部分药剂对原油后加工及环境存在影响，以及与地层配伍性不确定等缺点，因此呈现逐渐淘汰的趋势。但是当需求的示踪剂种类过多时，仍然是考虑待选的对象。

2. 放射性同位素示踪剂

放射性同位素示踪剂为最成熟的示踪用剂，自20世纪70~80年代开始矿场实践，得到了很好的推广应用，主要是含氚化合物，如氚化氢(^3HH)、氚水(^3H_2O)、氚化丁醇($^3HC_4H_8OH$)、氚化庚烷($^3HC_7H_{15}$)等，可作水示踪剂、油示踪剂、气体示踪剂或油水分配示踪剂。检测工具包括液相闪烁仪等，检测精度可以达到10^{-9}(ppb级)的级别。

放射性同位素示踪剂由于用量少(只用几百毫升或千克级)，只放出β射线，易防护，不影响自然γ测井，井口直接加入，易检出，而且价格便宜，得到了广泛的应用。放射性同位素示踪剂的投加、检测需要专门的人员和部门，另外，还要符合国家有关放射性药剂管理要求，因此需要联合专业部门来完成有关的测试环节。

3. 非放射性同位素示踪剂

非放射性同位素示踪剂又称为稳定同位素示踪剂，初步开始应用于二十世纪八十年代末九十年代初，主要以一定形式存在于水溶性药剂中、可以活化的非放射性同位素等为代表，检测手段为中子活化技术，这种示踪剂及分析方法目前只有几个同位素所拥有，检测精度可以达到10^{-12}(ppt级)的级别。

非放射性同位素，它是把一定化学形态的物质标记上非放射性同位素作为示踪剂，从采出井中采出后，经过一定处理送入原子反应堆照射，变成放射性核素来进行测量，这样做既利用了放射性探测灵敏度高的优点，在现场又不出现任何放射性物质。

非放射性同位素示踪剂由于具有放射性同位素示踪剂的优点，同时克服了放射性同位素示踪剂在投加、取样、管理等方面的缺点，因此，应用前景被看好。但是非放射性同位素示踪剂需要进原子反应堆激活，因此其检测还是需要专门的人员和部门，在缺少专业部门参与的情况下难以完成检测。目前，该技术有待从各个环节进行完善和发展。

4. 特殊化学示踪剂

特殊化学示踪剂为20世纪90年代提出的一类新型化学示踪剂，利用在地层及其所含流体中没有或者含量极微的微量元素的稳定化合物作为示踪剂，包括各类荧光物质、稀土元素、微量离子等，检测技术先进，使用Mark-26-two或HR-ICP-MS等先进仪器检测，检测最低检出限可以达到10^{-15}(ppq级)的级别。

微量物质示踪剂在地层中作为一种痕量标识物，标识反映地下流体的运动状态，通过采出曲线的解析来了解油藏监测动态参数。其基本原理是：筛选合成地层中没有或含量极少的微量物质，作为示踪剂。微量物质示踪剂具有以下优点：

（1）定无高温转化（可耐 $-100 \sim 1500℃$ 高低温）。

（2）克服了放射性可能存在的安全和环境隐患。

（3）施工简单，无需专业人员的参与。

（4）用量少。

（5）示踪剂类型多，可以保障同时分层投加不同示踪物质。

（6）测量精度更高，可以更为精细地捕捉油藏信息。

（7）可以大批量快捷测样。

（8）满足示踪剂筛选规范。

目前来讲，微量物质示踪剂在油田监测过程中已推广应用，达到技术成熟的程度。其中，部分元素的检测限见表3-1。

表3-1　HR-ICP-SM法测定溶液中微量元素检出限　　　　g/mL

元素	检出限	元素	检出限	元素	检出限	元素	检出限
Li	10^{-12}	Zn	10^{-11}	Te	10^{-12}	W	10^{-13}
Be	10^{-11}	Ga	10^{-11}	I	10^{-10}	Re	10^{-13}
B	10^{-10}	Ge	10^{-11}	Cs	10^{-13}	Os	10^{-13}
Na	10^{-10}	As	10^{-10}	Ba	10^{-12}	Lr	10^{-13}
Mg	10^{-10}	Se	10^{-10}	La	10^{-13}	Pt	10^{-13}
Al	10^{-12}	Rb	10^{-13}	Ce	10^{-13}	Au	10^{-12}
Si	10^{-9}	Sr	10^{-13}	Pr	10^{-13}	Hg	10^{-11}
P	10^{-9}	Y	10^{-13}	Nd	10^{-13}	Tl	10^{-13}
S	10^{-9}	Zr	10^{-13}	Sm	10^{-13}	Pb	10^{-13}
K	10^{-9}	Nb	10^{-14}	Eu	10^{-13}	Bi	10^{-13}
Ca	10^{-10}	Mo	10^{-12}	Gd	10^{-13}	Th	10^{-14}
Sc	10^{-11}	Tc	10^{-13}	Tb	10^{-13}	Pa	10^{-14}
Ti	10^{-12}	Ru	10^{-13}	Dy	10^{-13}	U	10^{-14}
V	10^{-12}	Rh	10^{-13}	Ho	10^{-13}	Np	10^{-14}
Cr	10^{-12}	Pd	10^{-13}	Er	10^{-13}	Pu	10^{-14}
Mn	10^{-12}	Ag	10^{-12}	Tm	10^{-13}	Am	10^{-14}
Fe	10^{-12}	Cd	10^{-12}	Yb	10^{-13}	Cm	10^{-14}
Co	10^{-11}	In	10^{-12}	Lu	10^{-13}	Bk	10^{-14}
Ni	10^{-11}	Sn	10^{-12}	Hf	10^{-13}	Cf	10^{-14}
Cu	10^{-11}	Sb	10^{-12}	Ta	10^{-13}		

其中，地层含量较少的稳定离子和改造后稳定的离子均可以作为示踪剂使用。

5. 微量物质油井捆绑技术

该技术又称为第五代技术，目前正在发展中，其主要思路是在油井重新补孔，微量物质随着射孔进入油层表面，这样，建立起产出微量物质剖面与产液剖面的联系，通过测定微量物质的产出剖面确定油井各层的贡献，确定产油、产水、产气剖面及其变化。

可见，在示踪剂的发展过程中，检测手段的发展是示踪剂技术更新的关键之一，示踪剂的检测精度不断增加；与此同时，从示踪剂筛选的基本条件来讲，示踪剂与地层流体的配伍性更好，吸附等因素已经不再控制示踪剂的产出特征，因此，具备了对示踪测试完全定量化解释的条件。

其他类型的示踪剂类型还有很多，包括与油藏目前组分有差异的驱替物质，例如非混相驱替中的氮气、高温的蒸汽等。

现在由于化学学科和分析工具的发展，以及现场的不断摸索，示踪剂的类型也在不断丰富。

第二节 井间示踪现场测试工艺

井间示踪剂的基本测试程序主要包括以下几个环节：实验室室内实验、施工设计、现场实施和结果解释等，其中实验室室内实验主要测取所用示踪剂的扩散常数、分配系数、吸附常数等基础参数；施工设计主要完成选井、选层、修井作业设计、示踪剂的筛选、注入工艺设计、注入量的设计、现场准备、取样制度制定、数据录取设计、成本核算等。

在井间示踪剂测试中，抛开环保等因素来考察示踪剂测试过程中的各个环节，主要原则包括以下几个方面：一是选井的目的性；二是注入工艺的合理性；三是取样制度的准确性。

1. 选井原则

井间示踪剂测试的选井相对于单井示踪剂来讲较为简单，不像单井示踪剂测试选井那么严格，但是，为了一次成功的测试，还是要根据一定的原则进行选择，否则，可能会选取没有测试价值的井组，或者最后导致测试不出。一般来讲，需要遵循以下原则：

（1）注入井的注入量相对于周围注入井的注入量来讲较高，或者注入井之间相距较远。当测试井组中注入井的注入量相对于周围注入井的注入量较小，而且注水井相距很近的情况下，相对于该井来讲，周围受效井很少或者受效较差，导致示踪剂产出时间过长，甚至可能导致测试期间测不出的情况；尤其是在低渗或者一些特殊的情况下更是如此。

只有当注入井注入量足够大，或者注水井之间距离较远时，才可以选该井组进行井间示踪剂测试。

(2) 测试井组中采油井的产液量不能特别小或者全部含水很低。当测试井组中采油井由于各种原因，例如低渗、污染等，导致产液量很低时，可能造成地层渗流速度过慢，地层处于拟稳态的升压过程，从而导致示踪剂在测试期间无法产出。

另一方面，要求周围产出井的含水不能普遍很低，在这样的情况下，一是测试的结果对于后续工作意义不大(特殊情况除外)；二是可能注入水没有在生产井突破，因此导致测试期间测不出。

(3) 观察井测试期间基本能够正常生产。只有保证观察井基本能够正常生产，才能保持目前的渗流状况，阻止由于地层渗流和示踪剂扩散的复杂性带来的解释结果的不确定性。同时，也能够保证正常的取样工作。

(4) 如果是多层测试，尽可能地进行吸水剖面测试，有条件的情况下进行产液剖面测试。多层的问题一直是一个较为复杂的问题，单纯依靠一种测试方法是很难或者无法来准确解决的。因此，优选剖面测试作为示踪剂垂向解释的辅助资料，当然，还有其他资料和分析方法进行辅助解释才可以。

(5) 测试目的层低渗情况下应该进行配伍性实验。当测试目的层渗透率很低，属于低渗或者接近低渗范畴，此时由于孔隙微观结构和渗流机理的复杂性，孔道表面的界面性质异常，以及泥质含量的增加导致电化学性质变化，造成对示踪剂的过多吸附和反应等诸多因素的影响，很可能造成测不出的情况。尤其是注采速度偏小、开发年限不长的情况下，成功的概率很小。

此时，应该对示踪剂与储层的配伍性进行理论分析，有条件的情况下，进行配伍性实验，以确定有关参数。

(6) 测试井组的主要层段连通性较好。只有保证测试井组的主要层段连通性较好，示踪剂在测试期间产出的概率才会大，即使测试期间产不出，同样可以得到有关井间连通性的分析；但是，当主要层段连通性很差时，一方面难以产出；另外，当示踪剂测试期间产不出时，无法进行任何解释，导致测试完全失败。

(7) 特殊的测试目的选用不同的选井原则。测试之前，应该对测试的目的很明确，比如，调剖堵水或者确定裂缝方位等。以上的选井原则是针对调剖堵水、工作制度调整等常规测试提出的，在一些特殊的情况下，可以不必遵循上面的某些原则。例如，测试的目的是为了测定裂缝的发育或者延展方向的情况下，就不一定必须遵守注入井相距较远的原则。具体的测试之前，需要根据测试目的从渗流机理上来确定测试的可行性并预测可能的测试结果和解释成果。

与单井示踪剂不同，井间示踪剂测试的重点向测试解释方面转移，现场施工相对来讲分量减轻。结果解释主要利用各种数学手段和计算机工具，根据产出曲线响应特征反演油层参数，是测试程序最为关键的部分。

2. 现场测试

一般井间示踪剂现场测试包括三个阶段，即前期的准备阶段、示踪剂段塞注入阶段、取样阶段。

1) 前期准备阶段

前期准备阶段包括：示踪剂筛选、监测井本底取样和示踪剂用量设计等。示踪剂筛选原则上要综合考虑如下方面：

(1) 在地层中的背景浓度低。
(2) 在地层表面吸附量少。
(3) 与地层矿物不反应。
(4) 与所指示的流体配伍。
(5) 易检出，分辨率高，操作简便。
(6) 化学、生物和热稳定性好。
(7) 无毒、安全，对测井、生产、环境无影响。
(8) 来源广，成本相对低。

示踪剂段塞注入之前，首先要根据测试的目标油藏实际情况选择注入段塞的大小和浓度，主要考虑因素包括目标油层的厚度、渗透率、孔隙度、估算饱和度大小、井距、目前工作制度、油层温度、压力以及检测极限等。

获得完整清晰的示踪剂开采曲线，是获得成功的井间示踪测试的关键。在一般情况下，示踪剂的用量越高，示踪剂开采曲线越清晰，但用量过高会带来测试成本过高，而且也有可能因回注的采出水中示踪剂浓度过高，导致示踪剂的开采曲线模糊不清，如使用放射性示踪剂还会带来环保和安全问题。

示踪剂的注入量，从根本上来讲，取决于被跟踪储层的体积和分析方法的灵敏度，其中分析方法的灵敏度受到地层本底数值的影响。当本底数值较大时，示踪剂的投入量主要由能否掩盖本底数值来决定，不考虑分析检测极限，因为此时的本底数值已经大于分析检测极限了；当本底数值较小时，示踪剂的投入量主要由分析检测极限确定(表3-2)。

表3-2 部分有效示踪物质的最低检测极限表

有效示踪物质	最低检测限	建议设计的地面最大采出浓度
硫氰酸根	1.0mg/L	35~50mg/L
溴离子	1.0mg/L	35~50mg/L
碘离子	0.1mg/L	10~15mg/L
氚水	0.00037Bq/mL	5B~11Bq/mL
微量物质	0.001ng/mL 或 1ng/L	0.05~0.1ng/mL 或 50~100ng/L

示踪剂总稀释模型假定了注入的示踪剂被驱替区域内的总水体积稀释。为确

保能检测到清晰的示踪剂开采动态,必须加进足量的示踪剂,因而可以认为峰值浓度远高于平均浓度。

常用的示踪剂注入量计算公式如下:

$$A = \mu \times MDL \times V \tag{3-1}$$

式中,μ 为保障系数,其目的是消除各种天然和人工不利因素的影响,保障注入的示踪剂可以被检测到,其数值一般根据经验来确定,例如,氚水的保障系数一般为 10~50,而氚化丁醇的保障系数为 100~500;当然,具体保障系数的大小应该根据具体地层情况来确定。

MDL 为最低检测浓度,可以是仪器的分析灵敏度,也可以是最大本底浓度,一般取两者中的最大值。

V 为地层最大稀释体积,可以表示为:$V = \pi R^2 h \phi S_w$;其中,R 为平均井距;h 为油层平均厚度;ϕ 为油层平均孔隙度;S_w 为油层平均含水饱和度;以上参数单位只要统一即可。

经常应用的另一个公式(Brigham-Smith 公式)如下:

$$G = 1.44 \times 10^7 h \phi S_w C_p \alpha^{0.265} L^{1.735} \tag{3-2}$$

式中 G——示踪剂的用量,Bq;

h——地层厚度,m;

ϕ——地层孔隙度;

S_w——地层水相饱和度;

C_p——示踪剂检测到的示踪剂预期峰值浓度,Bq/L;

α——示踪剂扩散系数,一般实验室内测定为 0.0153m 左右;

L——井距,10^2m。

对新区块应根据本油田不同油藏、不同开发阶段、不同驱替方式以及还没有完全认识的油藏问题,按最大设计用量原则进行设计,在此基础上的大量实践结果,适当调整设计用量及地面最大采出浓度,油田实验证明该公式在估算示踪剂用量上有一定准确性。

公式(3-1)和公式(3-2)为简单进行计算的参考,在实际示踪剂用量计算中,还必须考虑环境保护等因素,保障采出的最大浓度以及日等效操作量符合国家有关标准。

因此,有时可以选用如下公式:

$$Q = \pi R^2 h \phi S_w E_r \beta C_p / (1 - C_b) \tag{3-3}$$

式中 Q——同位素示踪剂投加量;

E_r——井间连通系数;

β——环保系数,由国家标准中确定;

C_b——最大吸附系数;

C_p——示踪剂检测到的示踪剂预期峰值浓度,可以表示为:$C_p = (10 \sim 100) E_{max}$;

E_{max}——地层背景浓度与最低检测浓度综合叠加值。

在示踪剂段塞大小确定之前,需要在监测井上取样,测定水相本底浓度,作为设计示踪剂用量的参考。

另外,该阶段的另外一个重要任务是选择注入工具,尤其是选用的示踪剂为放射性同位素示踪剂的情况下,严格按照国家有关放射性物质操作和管理规范实施。

2)示踪剂段塞注入阶段

示踪剂注入方式一般有瞬时(脉冲)注入、段塞注入、连续注入。注入方式的选择需要结合油藏特征,预计需要长期监测(3~6个月以上)的油藏可以允许瞬时注入,一般建议低浓度段塞注入,条件允许时可以考虑连续注入一段时间。

示踪剂段塞的注入阶段主要根据实际注入井的井况,结合已有的注入工艺设施,按照预先设计的注入时间,将示踪剂从注水井井口注入,随着注入水进入地层的过程。该阶段的主要注意事项是人员的安全和注入制度的合理性,需要专门的操作人员完成。

注入工艺的诸多因素考虑一般都要在设计阶段完成,主要包括以下几个方面:

(1)注入前必要的修井作业。为了完成一定的测试目的,可能目前的井况无法达到要求,需要按照设计要求对注水层位、管柱结构等进行调整作业。

(2)注入过程的控制。注入过程的控制在现场实施过程中容易被忽视,一般来讲,注入过程的控制包括两个环节:一是注入过程中注水井注入速度的控制。二是注入过程中药剂注入井口速度的控制。

在多层的情况下,或者多个流动单元的情况下,注水井的控制比较重要,主要因为井口的工作制度波动容易造成实际吸水剖面的波动,当示踪剂到达井底时,可能会造成一种极端的情况,即示踪剂的绝大部分只是进入某一个小层,而不是按照测定的吸水剖面来分配的。这种情况下,会造成测试结果解释的偏差。

药剂的注入控制也是非常重要的。最好的办法是借助注入工具,比如小型的注入泵,在保持匀速注水的情况下,将示踪剂药剂按照设计的时间(比如5h)均匀注入井口,随注入水到达井底,进入地层。以前也实施过一次性投入的方式,虽然操作简单,但是容易造成示踪剂的分布过于集中,导致示踪剂吸入的不均匀性和滞留过多的情况,给测试结果带来误差。

一般示踪剂注入时间适当的延长对于测试的顺利进行和测试结果的可靠性非常重要,是保证能够测出的一个重要环节。

(3)保证注入井无漏失。注入井的漏失会造成污染,导致环保受限或者测试不准,甚至测不出。

3)取样阶段

从监测时间来看,监测过程包括三种:短期监测(小于3个月)、中长期监测(小于6个月)、长期监测(大于6个月)。

示踪剂注入之后,就可以在周围观察井取样,取样的关键是工作制度的制定,只要按照设计好的取样制度进行取样,并尽快进行分析即可得到示踪剂产出剖面,可以作为分析解释的基础了。

取样制度可以根据实际情况来确定,一般分为两种情况:一种是取样后可以马上进行分析的情况,另一种情况是取样不能马上进行分析的情况。

对于样品马上可以进行分析的情况下,可以参考如下取样制度:示踪剂注入初期,常规地层取样可以一天取一个样(油田地层可以一天两个样或者更多),当见到示踪剂后,开始一天取两个样,当峰值过去后,开始一天取一个样,后期可以两天取一个样,当产出示踪剂的浓度持续下降到峰值浓度的十分之一时,可以考虑停止取样。但是,需要根据样品浓度或者回采率的实际情况来确定。如果样品的绝对浓度依然较高,或者回采率很低的情况下,应该尽可能地延长取样周期,收集尽可能多的油藏信息。

对于样品无法马上分析的情况下,可以参考如下取样制度:均匀取样,一天取一个样品,直至测试结束,或者测试结果出来后重新确定取样制度。

无论哪种取样制度,都需要认真按照取样操作规程来进行,防止额外的误差出现。

3. 示踪剂检测

不同种类示踪剂检测设备和检测方法也不同,所要求的灵敏度也不相同,通过表3-3看出几种常用的示踪剂检测方法。

表3-3 常用示踪剂对比

示踪剂	种类	检测方法	稳定性	用量	施工方法	环境问题
化学示踪剂	少	分光度计 色谱分离法	不稳定	几吨~ 几十吨	作业泵入	有
放射性同位素示踪剂	少	液相闪烁计数器	稳定	几毫居里~ 几十居里	井口投放, 须持证	有
非放射性及稳定示踪剂	非常少	中子活化法 伽马能谱仪			井口投放, 须持证检测	无
微量物质示踪剂	多	电感耦合等 离子体质谱仪	-100℃~ 1500℃	几十克~ 几十千克	井口投放, 不须持证	无

第四章 井间示踪测试解释方法

随着对于井间示踪剂测试原理认识的不断深入，以及辅助工具和解释方法的不断完善和发展，示踪测试解释方法也不断完善和发展。其中，不考虑地质模型进行井间示踪测试解释的方法主要为界标法；结合地质模型进行解释的方法主要有三种：一种是解析方法，一种是数值模拟法，另一种是半解析方法，三种方法各有优缺点，下面简要介绍这三种方法的思路和原理。

第一节 井间示踪解析方法

1. 基本公式

在计算机成为主要的解释工具之前，基于均质井网的解析方法一直是主流的解释工具和方法，在示踪剂测试发展的过程中曾经得到过广泛的应用。

前面有关均质井网示踪剂产出曲线计算公式是解析方法中的基本公式之一，以交错行列井网为例，得到示踪剂产出曲线如下：

$$\overline{C}_D = \frac{4\sqrt{K(m)K'(m)}}{\pi^2\sqrt{\pi}} \int_0^{\frac{\pi}{4}} \frac{\exp\left\{-\frac{K(m)K'^2(m)}{\pi^2 Y(\varphi)} \frac{a}{\alpha}[V_{pDbt}(\varphi) - V_{pD}]^2\right\}}{\sqrt{Y(\varphi)}} d\varphi \tag{4-1}$$

式中，$\overline{C}_D$ 为无量纲浓度，表达式：

$$\overline{C}_D = \frac{\overline{C}}{C_0 F_t \sqrt{\dfrac{a}{b}}} \tag{4-2}$$

其余各个参数意义见前面说明。根据公式(4-1)，可以得到在不同的井距、不同扩散系数的情况下无因次示踪剂产出曲线的数值。

根据一些特殊形式的井网，可以推导得到其示踪剂产出的解析表达式，从而可以预测示踪剂产出特征，这是最早的示踪剂测试解释的基础，也是目前部分测试解释应用的方法之一。

应用基本公式(4-1)的一般步骤是首选对测试井组进行简化处理，然后根据曲线匹配或者计算机拟合理论曲线与实测曲线，得到相关油藏参数。但是，当井网稍微复杂的时候,上述解析表达式就无法得到,然而,实际的矿场测试一般都是在非均质储层和实际非均匀注水井网中完成的,因此,为了满足实际的需要,借助无因次化手段,得到较为通用的解析表达式形式,来匹配实际示踪剂产出曲线,但是误差增大;另外,储层非均质的考虑无法满足。

在解析方法里面,可以根据实际情况设定所要拟合的独立变量,比如厚度与含水饱和度的乘积、渗流波及面积等。

鉴于解析方法过于简单,无法处理复杂的问题,解释精度较差,因此,在很多时候,解析方法仅作为最后考虑的解释方法。

2. 解释过程

在实际矿场测试中,一般不能完全满足基本公式的推导条件,例如,均匀井网、均匀注采等,此时,为了借用前面的解释公式需要将非均质井网转化为均质井网,而且将多井井组转化为两口井之间的关系;因此,解释的第一步是井网参数等效转化,第二步是参数解释。

1) 井间对应注入量确定

由于实际井组内部的非均质特性和注采的不均衡特征,导致井间对应受效的方向性,因此确定实际井间对应注入量变的非常重要。一般来讲,在实际处理过程中,可以根据产出示踪剂量或者采液量来进行劈产处理。

(1) 根据示踪剂产出量确定。

该方法较为直观,但是只能针对高渗通道进行解释。

确定产出示踪剂的百分数:

$$B = \frac{\int_0^\infty CdQ}{Q_c} \tag{4-3}$$

式中 Q_c——注入示踪剂总量;

C——任一示踪剂任一时刻浓度;

Q——示踪剂产出井的累积产水量。

确定对应井间平均产水速度:

$$q = q_{inj} \times B \tag{4-4}$$

式中 q_{inj}——注水井注水速度。

q即为井间高渗通道对应的注采速度,该参数比实际井间对应的注采速度偏小,一方面是没有考虑未突破层的注采量,另一方面没有考虑吸附和后期产出的情况,同时没有考虑驱替作用的存在。

(2) 根据采液量确定。

在有些时候,尤其是井网简单,而又想在评价高渗通道的同时,评价一下其他层位的注采对应关系,此时,可以近似根据周围采油井的提液量来劈分对应井间的注采量。

首先,确定注水井周围受效井的等效提液速度:

$$q_i = q_{ri} \times c_\theta \tag{4-5}$$

式中 q_i——等效提液量;
q_{ri}——实际提液量;
c_θ——与周围水井相关的受效系数,可以简单地按照受效角度来确定。

然后,计算周围井的受效因子:

$$z_i = \frac{q_i \times \theta}{L^n} \tag{4-6}$$

式中 z_i——i 井的受效因子;
θ——对应井间的张开角度;
L——对应井距;
n——指数,可以根据油藏渗透性取值,取 1~2 即可。

这样,可以得到对应井间注采速度:

$$q = \frac{z_i}{\sum z_i} q_{inj} \tag{4-7}$$

式中 q_{inj}——注水井注水速度;
q——i 井对应注水井的采水速度。

当然,还有别的方法用来确定对应井间注采量,但是,都存在确定不准的问题,因此这也是解析方法的一个局限性所在。

2) 井间波及体积确定

这里所谓的波及体积,实际是示踪剂完全突破时,对应井间产出示踪剂的波及体积。可以用式(4-8)表示:

$$\overline{Q} = \frac{\int_0^\infty CQ dQ}{\int_0^\infty C dQ} \tag{4-8}$$

3) 多峰值与曲线干扰

在大多数实际测试中,曲线的形状不能满足前面的论述,因为平面的非均质和纵向的多层突破造成了多峰值的响应特征,因此,如何对多峰值的情况进行处理,一直是解析方法讨论的重点之一。

随着峰值数目的增加,这种分析方法的难度迅速增加,甚至不可处理,因此,存在曲线干扰的情况下,这种分析方法只是作为最后的处理手段。

3. 存在的问题

通过上面的分析,可以得到解析方法应用过程中的几个主要问题:

1) 无法准确确定高渗通道渗透率参数

解析方法实际上是一种精细化的物质平衡方法,因此,无法给出渗透率的大小。但是,在大多数测试中,都想要知道有关高渗通道渗透率的情况,以便定量地指导后期的开发调整和措施工艺,因此解析方法的受限之一就是渗透率的解释问题。

2) 无法考虑实际井网的非均质

井间的非均质在实际油藏分析中是必须考虑的一个关键问题,但是,由于解析方法推导条件严格到苛刻的程度,因此,无法考虑非均质的影响。

3) 实际井网与理想井网之间的转化存在误差

在实际测试解释中,解释人员总是尽可能地减小人为误差,但是,实际井网与理想井网之间的转化必须依靠解释人员的判断,因此,不可避免地存在人为误差。

4) 无法考虑连通系数不为 1 的情况

当连通系数不为 1 的时候,井间对应关系复杂,此时,井间的定量对应关系无法根据表面的数据简单确定,导致解释结果的误差。

5) 多峰值的问题无法较好的解决

虽然在一些简单的情况下,可以采用一些简单的方法进行处理,但是,实际测试结果中的多峰值问题一种困扰着解释人员。

6) 无法整体完成多井或者多示踪剂的解释

在区块示踪剂测试解释中,解释人员不得不将区块划分为一组一组的对应井进行分析,一方面带来不必要的人为误差,另一方面解释过程过于麻烦。而实际情况是,各井各层都是相关的一个整体系统,存在着很大的联系,人为的分割不仅破坏了这种关系,而且无法准确描述这种关联。

以上只是针对一些特殊情况对解析方法的缺陷进行了分析,在实际解释过程中,可能会发现存在更多的不便和更大的误差。虽然在有些情况下可以采用等效处理,但是,其中的误差难以估算,因此该方法一般仅作为对比的标准使用。

第二节 井间示踪数值模拟法

井间示踪剂数值模拟解释的基本程序与单井示踪剂数值模拟解释的基本程序相同,也是首先建立起示踪剂在地层中的流动数学模型,然后用数值模拟程序计算出示踪剂的浓度曲线,再将计算的曲线与现场测试获得的浓度曲线进行对比拟合,得到一组油藏参数分布。

该方法曾经是井间示踪剂测试解释方法的一个主要发展方向，并曾经形成过很多软件。仅以三相 N 组分模型为例，对数值方法进行简单的介绍。

该方法基本假设：

(1) 油藏流体由油、水、气三相组成。

(2) 组分总共有 N 种，分别存在于上述三相中。

(3) 各相间组分存在交换，且瞬时达到平衡。

(4) 考虑分子扩散。

其数学模型：假设油藏为三相 N 组分的情况下，为了研究任何一种组分的质量守恒，参数表示如下：

C_{ig} 表示气相中 i 组分质量分数；C_{io} 表示油相中 i 组分质量分数；C_{iw} 表示水相中 i 组分质量分量。

得到组分主方程如下：

$$\nabla \left[\frac{C_{ig}\rho_{gsc}KK_{rg}}{B_g\mu_g}(\nabla P_g - \rho_g g \nabla D) + \frac{C_{io}\rho_{osc}KK_{ro}}{B_o\mu_o}(\nabla P_o - \rho_o g \nabla D) + \frac{C_{iw}\rho_{wsc}KK_{rw}}{B_w\mu_w}(\nabla P_w - \rho_w g \nabla D) \right]$$
$$+ q_{vl}\rho_{lsc}C_{il} + \alpha \nabla \left(\frac{\phi\rho_{gsc}S_g \nabla C_{ig}}{B_g} + \frac{\phi\rho_{osc}S_o \nabla C_{io}}{B_o} + \frac{\phi\rho_{wsc}S_w \nabla C_{iw}}{B_w} \right)$$
$$= \frac{\partial}{\partial t}\left[\phi \left(C_{ig}\frac{\rho_{gsc}}{B_g}S_g + C_{io}\frac{\rho_{osc}}{B_o}S_o + C_{iw}\frac{\rho_{wsc}}{B_w}S_w \right) \right]$$

(4-9)

$i = 1, \cdots, N$

式中　ρ_{gsc}——标准状况下气体密度；

ρ_{osc}——标准状况下油相密度；

ρ_{wsc}——标准状况下水相密度；

K——绝对渗透率；

K_{rg}——气体相对渗透率；

K_{ro}——油相相对渗透率；

K_{rw}——水相相对渗透率；

B_g——气体体积系数；

B_o——油相体积系数；

B_w——水相体积系数；

μ_g——气体黏度；

μ_o——油相黏度；

μ_w——水相黏度；

P_g——气体压力；

P_o——油相压力；

P_w——水相压力；

g——重力加速度；

D——海拔深度；

q_{vl}——产出 l 流体的体积，l=o，w，g；

ρ_{lsc}——产出 l 流体的标准条件下相对密度，l=o，w，g；

C_{il}——产出 l 流体中组分 i 的质量分数，l=o，w，g；

S_g——气体饱和度；

S_o——油相饱和度；

S_w——水相饱和度；

ϕ——油藏孔隙度；

α——扩散系数。

饱和度方程为：

$$S_g + S_o + S_w = 1 \tag{4-10}$$

组分质量分量方程：

$$\sum_{i=1}^{N} C_{ig} = 1 \tag{4-11}$$

$$\sum_{i=1}^{N} C_{io} = 1 \tag{4-12}$$

$$\sum_{i=1}^{N} C_{iw} = 1 \tag{4-13}$$

密度关系式：

$$\rho_g = f(P_g, C_{ig}) \tag{4-14}$$

$$\rho_o = f(P_o, C_{io}) \tag{4-15}$$

$$\rho_w = f(P_w, C_{iw}) \tag{4-16}$$

黏度关系式：

$$\mu_g = f(P_g, C_{ig}) \tag{4-17}$$

$$\mu_o = f(P_o, C_{io}) \tag{4-18}$$

$$\mu_w = f(P_w, C_{iw}) \tag{4-19}$$

相渗关系式：

$$K_{rg} = f(S_g, S_o, S_w) \tag{4-20}$$

$$K_{ro} = f(S_g, S_o, S_w) \tag{4-21}$$

$$K_{rw} = f(S_g, S_o, S_w) \tag{4-22}$$

相间平衡参数：

$$\frac{C_{ig}}{C_{io}} = K_{igo}(T, P_g, P_o, P_{ig}, C_{io}) \tag{4-23}$$

$$\frac{C_{ig}}{C_{iw}} = K_{igw}(T, P_g, P_w, C_{ig}, C_{iw}) \tag{4-24}$$

$$\frac{C_{io}}{C_{iw}} = K_{iow} = \frac{K_{igw}}{K_{igo}} \tag{4-25}$$

毛管力关系式：

$$P_g - P_o = P_{cgo} \tag{4-26}$$

$$P_o - P_w = P_{cow} \tag{4-27}$$

$$P_g - P_w = P_{cgw} \tag{4-28}$$

式(4-9)~式(4-28)建立的数学模型由一组微分方程和定解条件给出，它的解是唯一的。但是由于方程形式复杂，定解条件也比较复杂，所以一般必须使用数值方法求解。

差分的方式可以采用全隐式、隐式、半隐式、IMPES方法等，解法可以采用直接方法、LU分解预处理共轭梯度法等。在此不多作叙述。

数值方法的基本原理是利用多相多组分模型，把示踪剂作为一种组分，处理示踪剂的注入、运移、产出过程，形成偏微分方程，然后差分处理，形成数值模型，最终形成计算机模型。可见数值方法基本是以数值模拟作为手段，因此地质模型建立、差分处理、解法选取、步长处理等的合理与否，直接决定了解释的合理性与精度的高低。根据实际的应用经验与理论分析，可以得到这种方法的几点局限性。

1. 机理受限

（1）数值模拟在参数处理过程中采用的大平均方法，与实际的地层参数情况差距较大，因此得到的地质模型与实际相差较大，经解释得到的参数可靠性变差。

数值模拟过程中，需要将纵向上的较多的小层或者渗流单元采用合层处理，但是可能仅仅其中很小一部分高渗层或者水淹程度严重的层在产出井见到示踪剂，因此即使调整整个大层的数据（包括渗透率、饱和度等）得到一条与实际产出曲线非常接近的曲线，此时的大层数据与实际的地层差别很大，甚至超出了合理的范围。另外，即使模拟的就是一个自然层，不涉及合层的问题，此时可能仅仅是其中的一个较薄的高渗层或者强水淹层段在产出井见到示踪剂，所以调整整个自然层的参数到合理的拟合程度，不能代表实际层内的参数分布情况，而这种层内参数分布的非均质情况正是矿场测试所要解决的问题；因此由于数值模拟的大平均处理方法与矿场测试的最终目的互相矛盾，限制了它的可靠性。

（2）示踪剂运移过程中不仅受对流机理的影响，而且受到扩散机理的影响，因此在迭代计算中计算得到的产出浓度与实际浓度分布存在差别。

由于模拟示踪剂的运移不仅需要模拟它的对流过程，更重要的是模拟它的扩散过程。但是由于数值模拟过程中，对于浓度的计算是以网格块为空间单位，以迭代时间步长为时间单位的，因此这种单位的划分合理与否，直接决定了计算结果的可靠性。

在数值模拟差分处理中，井注入产出的处理是直接把井点所在网格块每一个点都作为一个点源或者点汇，即注入井处浓度被网格块中流体稀释，与实际的注入运移情况不符。因为可能示踪剂注入的几个小时结束时示踪剂根本尚未到达网格边缘部位，但是模拟过程中却处理成每一个时间步的开始或者结束时整个网格块已经充填了示踪剂，与实际运移情况相差较大。

同样，每一个迭代时间步中注入或者采出的组分都被平均到整个网格块，这样在一个时间步某个网格块注入了示踪剂的话，时间步末网格中即充满了一定浓度的示踪剂组分，下一个时间步开始时，临近的网格由于压差、浓度差的存在开始得到示踪剂组分，与真正的地层渗流速度差距较大。

一般来讲，网格划分的尺寸越小，迭代步长越合理，则计算产出浓度与实际产出浓度理论对比差别越小。

(3) 网格划分的方向性对产出示踪剂浓度有影响。

同样的距离下，如果注入产出井在同一条网格线上，此时产出时间早，反之则或早或晚。

2. 工作量巨大

一次数值方法解释过程实际是一次短期数值模拟的过程，不仅需要输入大量的参数、占用大量的机时，而且要求操作者经验丰富，所以需要反复的调参过程，对于现场工作人员要求极高，不易实现。

3. 解法受限(以黑油模型为例)

如果划分的模拟层地层系数相差非常大、网格尺寸太小(为了精度的需要)时，出现算法收敛太慢甚至不收敛问题，而这是数值方法为了与实际地层情况符合并具有一定的精度所必须采取的手段。

由于黑油模型采用的是隐压显饱(包括浓度)方法，因此浓度的计算过程中会遇到非物理现象，即负浓度。因此一般解释过程中不能拟合多峰值问题。并且很难(甚至不可能)同时拟合多井多示踪剂问题。

另外对比发现，对于同一井组，网格划分的大小以及均匀情况不同时，计算出的示踪剂浓度差别较大，这也证实了上面的分析。

数值方法的数学理论较为完善，而且易于实现，可以参考的工具软件较多。

基于以上的分析，数值方法虽然工作量太大，但是曾经作为示踪剂测试解释的主要方法出现过，但是，目前国内来看，它已经逐渐被淘汰，取而代之的是半解析方法。

第三节 井间示踪半解析方法

国内真正意义上的半解析示踪测试解释技术源于20世纪90年代中国石油天然气集团公司的支持开展的，经反复的理论研究、矿场实践，融合大港、辽河、大庆油田多位专家的指导和帮助，形成了解释技术、解释方法和应用软件。到2000年，该示踪解释方法和理论为现场所认可，示踪测试及其解释技术的优点逐步显露，目前具有其他测试方法无法替代的优势；在近几年的合作、发展过程中，一方面完善理论体系，提出了综合解释技术，从实践上开始弱化原先理论体系中不能反映现场实际的部分，例如双示踪剂方法等；另一方面，解释软件在油田现场、技术服务公司内得到了认可和较为广泛的应用，解释成果显示了该方法突出的特点和优点。

1. 半解析方法的特点

（1）数值法中压力的求解较为稳定，数值可以满足实际现场操作需要的优点，利用数值法求解油藏各层的压力分布。

对于某个注水开发处于中后期的油田（或者一个区块）来讲，某段时间内的压力分布趋势基本认为是稳定的，变化较小。利用数值方法求解一定注采量情况下的压力分布趋势是合理的和可行的。当工作制度发生变化时，跟踪计算得到压力场的分布。

（2）利用解析法中浓度的求解不存在任何截断误差，以及浓度的解总是位于合理解范围内的优点。

对于一维情况来讲，产出浓度的解析解在时间以及一维空间上是容易得到的。

（3）利用流线方法把数值方法与解析法联系起来。

利用流线沿着压力走向分布这一特点，确定流线的分布，把三维或者二维的问题转化为一维问题，从而可以利用一维浓度解的公式。

（4）借助于概率统计方法，可以模拟任何可能的地层分布情况，不存在辅助算法的不稳定性等问题。

人为调参得到的地质模型毕竟偏少，而且费时，可以利用计算机按照一定的算法自动生成相应的地质模型，进行曲线拟合，在保证算法稳定性的前提下，做到了方便快捷。

（5）借助于优化算法，可以利用高速运算的计算机完成繁复的解释任务，避免人为繁复的调参过程。

根据以上的分析，半解析方法具有极大的优越性，是三种方法里面最优的。

2. 数学模型

在这里，半解析方法的概念开始脱离原始的意义，实际成为一种方法的组合，下面就各个环节进行介绍数学模型。

1) 压力计算的数学模型

压力计算的模型可用的较多，根据不同的油藏类型和开发方式，可用选用不同的模型，下面以三维三相的黑油模型为例进行简单的说明。该过程是一种数值模拟过程。

利用数值方法确定注入示踪剂过程以及监测过程中的油层压力分布。研究中可以发现：压力的分布对于饱和度的变化以及分层与合层的处理不敏感。因此模拟一个区块达到稳态或者拟稳态时的压力分布，可以作为后面拟合参数的基础。

压力计算方法采用三维三相黑油模型。

基本方程：

油组分：
$$\nabla\left[\left(\frac{KK_{ro}}{B_o\mu_o}\right)(\nabla P_o - r_o \nabla D)\right] + q_o = \frac{\partial}{\partial t}\left(\frac{\phi S_o}{B_o}\right) \quad (4-29)$$

水组分：
$$\nabla\left[\left(\frac{KK_{rw}}{B_w\mu_w}\right)(\nabla P_w - r_w \nabla D)\right] + q_w = \frac{\partial}{\partial t}\left(\frac{\phi S_w}{B_w}\right) \quad (4-30)$$

气组分：
$$\nabla\left[\left(\frac{R_{so}KK_{ro}}{B_o\mu_o}\right)(\nabla P_o - r_o \nabla D)\right] + \nabla\left[\left(\frac{KK_{rg}}{B_g\mu_g}\right)(\nabla P_g - r_g \nabla D)\right] +$$
$$q_g = \frac{\partial}{\partial t}\left(\phi\left(\frac{R_{so}S_o}{B_o} + \frac{S_g}{B_g}\right)\right) \quad (4-31)$$

式中 K——渗透率，μm^2；

K_{ri}——各相的相对渗透率，小数，$i=o, w, g$；

q_i——各相的注入与产出，$i=o, w, g$；

S_i——各相的饱和度，小数，$i=o, w, g$；

B_i——体积系数，$i=o, w, g$；

R_{so}——溶解气油比；

γ_i——各相重度；

∇——微分算子；

D——海拔高度；

ϕ——孔隙度；

P_i——油气水三相的压力，$i=o, w, g$。

式(4-29)~式(4-31)即所采用的黑油模型的数学模型，经差分处理形成数值模型，采用隐压显饱方法（IMPES方法）计算处理。

2) 浓度计算的数学模型

根据一维扩散方程：

$$k\frac{\partial^2 c}{\partial x^2} - u\frac{\partial c}{\partial x} = \frac{\partial c}{\partial t} \quad (4\text{-}32)$$

式中 k——有效混合系数；

c——示踪剂浓度；

x——一维长度；

u——一维平均渗流速度；

t——时间。

结合定解条件：

$$\begin{aligned} c(x,\ t) &= c_0 & x &= 0 \\ c(x,\ t) &= 0 & x &= \infty \\ c(x,\ t) &= 0 & t &= 0 \end{aligned} \quad (4\text{-}33)$$

可以得到一维浓度计算代数式：

$$\frac{c(x,\ t)}{c_0} = \frac{1}{2}\operatorname{erfc}\left(\frac{x-ut}{2\sqrt{kt}}\right) \quad (4\text{-}34)$$

式中 c_0——注入浓度；

$\operatorname{erfc}(x)$——误差余函数。

对于小段塞来讲，产出浓度如下：

$$\frac{c(x,\ t)}{c_0} = \frac{\Delta x}{\sqrt{2\pi\sigma^2}}\exp\left[-\frac{(x-\bar{x})^2}{2\sigma^2}\right] \quad (4\text{-}35)$$

式中 Δx——段塞长度；

$\bar{x} = ut$；

$\sigma^2 = 2kt$。

式(4-34)、式(4-35)为等速流时的产出浓度计算公式，经过处理即为不等速流的产出浓度计算式。即

$$\frac{c(x,\ t)}{c_0} = \frac{\Delta s}{\sqrt{2\pi\sigma^2}}\exp\left[-\frac{(s-\bar{s})^2}{2\sigma^2}\right] \quad (4\text{-}36)$$

式中 Δs——对应某一时间时的段塞长度，$\bar{s} = \int u\mathrm{d}t$；

$\sigma^2 = 2\alpha u(t)^2 \int_0^s \frac{\mathrm{d}s}{u^2}$，$\alpha$ 为扩散常数。

3) 吸附的考虑

根据1980年Satter等的理论推导公式：

$$k\frac{\partial^2 c}{\partial x^2} - u\frac{\partial c}{\partial x} = R\frac{\partial c}{\partial t} \quad (4\text{-}37)$$

确定滞后系数：

$$R = 1 + \frac{1-\phi}{\phi}\rho_r \alpha \quad (4-38)$$

式中 α——吸附系数；

ρ_r——岩石密度。

一维浓度产出公式里的时间与段塞长度替换为：

$$\hat{t} = \frac{t}{R} \quad (4-39)$$

$$\hat{\Delta s} = \frac{\Delta s}{R} \quad (4-40)$$

即等效为时间滞后，注入段塞缩短。

4) 流线数学模型

该模型分为两种情况，一是稳态场流线计算模型，二是不稳态场流线模型。

(1) 稳态场流线算法。

刚性介质中不可压缩流体的达西速度表示为：

$$\vec{v} = -\lambda \nabla p \quad (4-41)$$

式中 $\lambda = k/\mu$ 为位置的函数。

由于流体不可压缩，散度为零，即除去源汇项外：

$$\nabla \cdot \vec{v} = 0 \quad (4-42)$$

因此，三维的流线可以积分下式得到：

$$dT = dt/\phi = dx/v_x = dy/v_y = dz/v_z \quad (4-43)$$

可以得到网格各个方向的速度为：

$$v_i = b_i + c_i l_i, \quad i = x, y, z \quad (4-44)$$

经推导（略）得到平面流函数为：

$$\psi = \psi_o + ax + by + cxy \quad (4-45)$$

从而可以确定平面流线分布。

(2) 不稳态场流线算法。

追踪算法是导致流线方法应用起来的最直接的原因之一。下面把有关的算法介绍一下。

把流动情况分为四种：向上流动、向下流动、向左流动、向右流动。下面以向上流动为例介绍。

流线向上穿过网格线，进入上面网格，考虑 x、y 方向速度分布如图4-1所示。

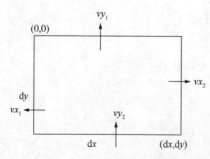

图4-1 流线追踪示意图

考虑任意点的速度为位置的函数，则点 $M(x, y)$ 处速度数值为：

$$vx(x, y) = -vx_1 + \frac{vx_2+vx_1}{dx}x \tag{4-46}$$

$$vx(x, y) = -vy_1 + \frac{-vy_2+vy_1}{dy}y \tag{4-47}$$

设该流线进入网格的坐标为(x_0, dy)，则 x 方向零速度线位置：

$$x_{00} = vx_1 \bigg/ \left(\frac{vx_2+vx_1}{dx}\right)$$

如果 $x_{00} < x_0$，则该流线从左边穿出所需的时间为：

$$t_1 = \int_0^{x_0} \frac{dx}{-vx} = \int_0^{x_0} \frac{dX}{vx_1 - \frac{vx_2+vx_1}{dx}X} \tag{4-48}$$

即：

$$t_1 = -\frac{dx}{vx_2+vx_1}\lg\left(\frac{vx_1 - \frac{vx_2+vx_1}{dx}x_0}{vx_1}\right) \tag{4-49}$$

如果 $x_{00} > x_0$，则该流线从右边穿出所需时间为：

$$t_2 = \int_{x_0}^{dx} \frac{dx}{vx} = \int_{x_0}^{dx} \frac{dX}{-vx_1 + \frac{vx_2+vx_1}{dx}X} \tag{4-50}$$

即：

$$t_2 = \frac{dx}{vx_2+vx_1}\lg\left(\frac{vx_2}{-vx_1 + \frac{vx_2+vx_1}{dx}x_0}\right) \tag{4-51}$$

该流线从上面穿出所用的时间为：

$$t_3 = \int_0^{dy} \frac{dY}{-vy} = \int_0^{dy} \frac{dY}{vy_1 - \frac{-vy_2+vy_1}{dy}Y} \tag{4-52}$$

即：

$$t_3 = \frac{dy}{vy_2-vy_1}\lg\left(\frac{vy_2}{vy_1}\right) \tag{4-53}$$

对比 t_1、t_2、t_3，认为时间最小的方向即为该流线穿出方向。设 t_1 最小，即流线从左边穿出，此时计算穿出坐标为：

$$\left\{0, \frac{dy}{vy_2-xy_1}\left[-vy_1+vy_2\times\exp\left(-\frac{t_1\times(vy_2+vy_1)}{dy}\right)\right]\right\} \tag{4-54}$$

然后进行下一步流线追踪计算。依次类推，直至流线终结点。

5) 井筒产出浓度的计算

井筒的浓度即各层、各条流线上产出浓度的混合效应的结果。可以表示为：

$$c(t) = \int c_0[t - \tau(\psi)]q(\psi)d\psi \bigg/ \int q(\psi)d\psi \tag{4-55}$$

式中　$c(t)$——井筒某一时间的产出浓度；

$c_0[t-\tau(\psi)]$——某一流线上在对应时间对应井筒位置的产出浓度；

$\int \mathrm{d}\psi$——对流线的积分；

$q(\psi)$——流线上某种流体的贡献量。

6) 多相的考虑

在饱和度分布均一的情况下，根据色谱原理，定义迟滞因子：

$$\beta = k_\mathrm{d} \frac{S_\mathrm{or}}{1-S_\mathrm{or}} \tag{4-56}$$

式中　k_d——示踪剂分配系数；

S_or——剩余油饱和度。

根据非分配性示踪剂突破时间 t_w 与分配性示踪剂的突破时间 t_1 的差别：

$$t_1 = t_\mathrm{w}(1+\beta) \tag{4-57}$$

可以得到残余油饱和度：

$$S_\mathrm{or} = \frac{t_1-t_\mathrm{w}}{t_1-t_\mathrm{w}+t_\mathrm{w}k_\mathrm{d}} \tag{4-58}$$

但是，式(4-56)~式(4-58)要求两种示踪剂的吸附以及扩散性能非常接近，而且饱和度的分布变化不大。对于性能差别较大的示踪剂或者饱和度分布变化较大的情况来讲，所求的残余油饱和度精度较差。

因此，在流线上一定的饱和度分布前提下，在每一个网格内利用色谱理论，得到从注入井到产出井整个流动过程中分配性示踪剂的滞后时间，从而得到示踪剂的浓度产出曲线，经对比结果较符合实际情况。

3. 地质模型的确立

根据以上的分析可以知道，对于一个具体区块来讲，在确定压力分布之前首先要确定地质模型以及各种地层参数的分布，主要包括：

1) 油藏范围确定

包括油藏的长度与宽度以及所要研究的层数，即确定所要研究的油藏范围。

2) 井参数

包括井名、井性质(注入井、采出井、边角井、中心井)、注入采出量、产水率、井底流压(可选)、井径以及各层的厚度、原始渗透率、原始饱和度、目前射孔情况等。

3) 网格参数

包括平面划分网格数目、大小以及无效网格(边界)确定。也就是说，要根据实际情况建立一个考虑非均质的地质模型。

4) 辅助参数的确定

为了更为合理地确定解释参数的合理性以及准确性,需要最大限度地利用对于油层已知的认识。这里利用的辅助参数主要包括:

(1) 生产资料。利用生产资料来大体确定参数的变化范围,作为后面参数解释的依据。

(2) 测井资料。包括各层的原始含油饱和度、渗透率,目前的含油饱和度、渗透率等,以及新井的参数。

(3) 剖面资料。剖面资料是解决多层问题的一个极其重要的参数,直接影响到解释的精度。如果剖面资料准确的话,可以减少人为经验判断或者按照理想情况分析的不准确性。

5) 目标函数

在拟合产出浓度的过程中,利用一定的优化方法,可以利用计算机来替代人的大部分工作,确定目标函数如下:

$$\min(z) = \sum (C_{计算} - C_{实测})^2 \quad (4\text{-}59)$$

即利用计算浓度与实测浓度的差的平方和作为目标函数,按照一定的优化方法,当目标函数最小时,得到的地层参数即认为是最可能的参数分布。

4. 拟合原则

1) 井间按照多个高渗通道(层)进行拟合

首先,确定一个较为合理的井间高渗层数目,一般来讲,确定的高渗层数目大于所模拟的自然层数目,以保证在拟合的过程中不会漏掉某个自然层中的高渗层,然后按照特定规则确定各个自然层可能包含的高渗层数目(在此过程中需要利用剖面资料),然后在辅助资料、输入参数或者浓度产出曲线信息确定的参数中值基础上,根据参数可能的分布或者组合规律,分别产生参数正态分布和平均分布的方案,即建立了一个可能的地质模型。然后依据该方案计算井筒产出浓度,与实际产出浓度做对比。

2) 结果中自动识别去掉无效的高渗通道

由于拟合层数中的某些层,在整个测试时间内可能没有示踪剂贡献,因此需要在拟合完成后,检验除去这类无效层。

3) 拟合方法采用大系统优化方法

由于在整个拟合过程中,需要拟合较多的参数,一般的优化方法很难完成。因此采用大系统优化方法。基本的过程是这样的:

(1) 首先确定某个方案中各个参数的数值:

$$C_i = (Cu_i - Cd_i) \times Ran(1), \quad i = 1, 2, \cdots\cdots \quad (4\text{-}60)$$

式中 C_i——参数值;

Cu_i——参数最大值;

Cd_i——参数最小值；
　　$Ran(1)$——服从正态分布的随机序列产生函数。根据产生的参数序列（即方案）确定产出浓度。

（2）然后把随机序列产生函数转换为服从平均分布的随机序列产生函数，根据产生的参数值计算产出浓度。

（3）循环上面两步到足够的数目，根据目标函数最小时确定对应的参数分布。

（4）缩小参数的上下限，依次重复上面三步，得到目标函数最小时的参数分布。

总体来说，在地层参数解释方面，示踪剂方法因为其直观有效的特性，在许多方面有其他方法所不可比拟的优势。示踪剂方法可解释的参数如下：

（1）高渗层厚度、渗透率、喉道半径。

（2）地层非均质评价。

（3）井间对应受效情况分析。

（4）评价断层以及隔层封闭性。

（5）井间剩余油饱和度的分布等。

（6）监测及评价汽窜、气窜情况。

（7）措施效果评价。

同时，可根据不同的生产需要制定相应的监测方案。

第五章 井间示踪测试综合确定剩余油的原理与方法

第一节 概 述

从剩余油分布研究的角度来讲，根据目前国内外技术发展来看，能够在不同精度、不同尺寸上描述井间剩余油状况的方法手段，主要包括：

1) 常规数值模拟技术

该技术最突出的优点是考虑因素多，处理能力强，同时其缺点也很突出，其中最主要的缺点之一是对地质模型准确度依赖性极强，一方面油藏地质状况复杂，油藏描述精度难以把握；另一方面通过长期水洗过程，油藏层间、平面、层内非均质矛盾加剧，与原始油藏描述结果差异很大。因此，常规数值模拟确定剩余油的精度很大程度上取决于对目前地质模型的认识程度。

2) 井间监测技术

该类技术方法少，难度大，较为成熟的主要为双示踪剂方法根据色谱滞后原理确定高渗通道平均剩余油饱和度。通过该技术在国内应用来看，存在较多问题，主要有：①示踪测试只是监测流经通道的参数，而现场最为关心的可能是高渗通道以外剩余油的分布情况。②在高含水期或者见水后的裂缝内，剩余油接近残余油，该数值的测量意义不大。③较为合适的双示踪剂难以寻找，例如氚水+氚化正丁醇。④仅为一个平均数值。

3) 打观察井及取心方法

该方法为直接测量方法，井点参数可靠性较好，但成本太高，代表性差。

4) 单井测井方法

该类方法多，局限在井筒附近，受井况、井壁非均质特征影响大，仅能对井间剩余油饱和度分布进行推测。

5) 动态分析方法

结合地质描述结果，从动态含水的角度，定性推测剩余油分布状况。

从监测的角度来讲，根据目前国内外技术发展来看，能够或者部分能够完成井间剩余油分布状况监测和研究的方法手段，主要包括：

1）井间示踪监测技术

根据选用的局部技术不同，定量、半定量了解注采井间渗流参数、波及状况及其他需要通过了解井间实际连通状况来认识和解决的问题，特别是辅助动态油藏描述。

2）井间电位测试技术

定性了解注水井周围注水突进状况，尤其是裂缝地层。

3）井间地震技术

在驱替液与被驱替液地震波传播特征差距较大的过程中，从大尺寸的角度了解井间驱替状况。

4）地球化学的水指纹技术

在沉积环境存在差距的古地质条件下，从水相物质含量相似性的角度，进行储层对比。

5）井间试井技术

一方面，在相对中高渗储层及裂缝型储层、驱替液与被驱替液压力波传播特征差距较大的过程中，定性了解井间驱替状况；另一方面，确定井间静态连通情况。

6）井间微地震技术

在易于产生微裂缝波动的注水过程中，大概定性地了解部分注水突进方向。

7）井间电磁成像技术

精度、分辨率、准确性均较差，目前处于基础性研究尝试阶段。

可见，单种技术直接确定剩余油分布的难度均很大，适用性也差。

第二节　综合解释方法基本原理

早期的示踪剂解释理论体系中，示踪剂产出曲线与剩余油饱和度之间的关系是建立在色谱效应理论基础之上的。随着矿场应用的推广，显示出它具有一定的局限性。主要问题之一是：现场最为关心的可能是高渗通道以外剩余油饱和度的分布情况，而示踪剂只是监测流经通道的参数，尤其是在平面和垂向非均质很强的情况下。

为了克服上述缺点，提出了综合解释方法，所谓综合解释方法，是在半解析示踪测试解释方法的基础上，结合油藏建模、剖面分析、数值模拟等描述和计算手段，各取所长，形成合理的方法体系。其基本原理：

（1）在利用剖面资料辅助分析的基础上，强化示踪剂测试解释里面最直接和准确的解释成果，即井间连通性参数。

（2）根据示踪剂解释资料修正地质模型，建立能够反映实际情况的地质模型。

（3）为了满足层系细分、网格加密以及动态建模的需要，编制配套的精细数值模拟软件，结合示踪剂解释成果，较好地再现生产历史。

可见，上述的半解析方法体系成为综合解释方法的一环，与数值模拟结合，强化了测试的边界功能，经理论分析和现场应用验证，其解释准确性远远大于单独方法。

鉴于目前技术发展状况，考虑井间示踪监测技术与数值模拟技术结合，主要遵循以下几种方式完成辅助确定剩余油的任务：一方面利用井间示踪监测确定目前储层主要动静态矛盾，完成对储层渗透率特征及其变异的定量描述，建立更为精细的地质模型，从而利用数值模拟完成剩余油饱和度分布研究，即所谓综合解释方法；另一方面对独立的数值模拟结果进行定性的校正、评价；第三方面，少量区块利用双示踪剂方法直接确定剩余油平均值。

这样，剩余油解释与示踪剂测试解释紧密结合，互为验证，互为基础，可以较为圆满地完成示踪剂测试解释和剩余油分布确定任务。

实践证明，综合解释方法的解释成果现场易于接受，与现场符合程度高。

第三节 综合解释确定剩余油饱和度分布方法

1. 假设条件

（1）油藏中存在油、气、水三相流体渗流，气、油相间存在质量交换，气、水之间不存在质量交换。

（2）油藏中岩石和流体微可压缩。

（3）体渗流符合达西定律。

（4）模型中考虑重力的影响。

（5）地层温度恒定。

（6）井间示踪测试反映出了地层渗透率变异的突出特征。

2. 质量守恒方程

油组分：
$$\nabla \left[\frac{KK_{ro}}{B_o \mu_o}(\nabla P_o - \gamma_o \nabla D) \right] + q_o = \frac{\partial}{\partial t}\left(\frac{\phi S_o}{B_o} \right) \tag{5-1}$$

水组分：
$$\nabla \left[\frac{KK_{rw}}{B_w \mu_w}(\nabla P_w - \gamma_w \nabla D) \right] + q_w = \frac{\partial}{\partial t}\left(\frac{\phi S_w}{B_w} \right) \tag{5-2}$$

气组分：
$$\nabla \left[\frac{R_{so}KK_{ro}}{B_o \mu_o}(\nabla P_o - \gamma_o \nabla D) \right] + \nabla \left[\frac{KK_{rg}}{B_g \mu_g}(\nabla P_g - \gamma_g \nabla D) \right] + q_g$$
$$= \frac{\partial}{\partial t}\left[\phi \left(\frac{R_{so}S_o}{B_o} + \frac{S_g}{B_g} \right) \right] \tag{5-3}$$

式中 K——渗透率，μm^2；

K_{ri}——各相的相对渗透率，小数，$i=o, w, g$；

q_i——各相的注入与产出，$i=o, w, g$；

S_i——各相的饱和度，小数，$i=o, w, g$；

B_i——体积系数，$i=o, w, g$；

R_{so}——溶解气油比；

γ_i——各相重度；

∇——微分算子；

P_i——油、气、水三相的压力，$i=o, w, g$。

方程(5-1)~方程(5-3)的辅助方程如下：

$$\gamma_{og} = \gamma_{og}(P_o, P_b) \tag{5-4}$$

$$\gamma_g = \gamma_g(P_g) \tag{5-5}$$

$$R_{so} = R_{so}(P_o, P_b) \tag{5-6}$$

$$\gamma_w = \gamma_w(P_w) \tag{5-7}$$

$$P_{cow} = P_o - P_w \tag{5-8}$$

$$P_{cog} = P_g - P_o \tag{5-9}$$

$$K_{ro} = K_{ro}(S_g, S_o) \tag{5-10}$$

$$K_{rg} = K_{rg}(S_g) \tag{5-11}$$

$$K_{rw} = K_{rw}(S_w) \tag{5-12}$$

$$\mu_o = \mu_o(P_o, P_b) \tag{5-13}$$

$$\mu_w = \mu_w(P_w) \tag{5-14}$$

$$\mu_g = \mu_g(P_g) \tag{5-15}$$

$$S_o + S_w + S_g = 1 \tag{5-16}$$

初始条件：

$$P_o(i, j, k) |_{t=0} = P_{oi}(i, j, k) \tag{5-17}$$

$$S_w(i, j, k) |_{t=0} = S_{wi}(i, j, k) \tag{5-18}$$

$$S_o(i, j, k) |_{t=0} = S_{oi}(i, j, k) \tag{5-19}$$

边界条件：$\dfrac{\partial P}{\partial n}|_{\Gamma} = 0 \tag{5-20}$

3. 油组分差分方程

基于 IMPES 方法形成的差分方程，在一个时间步长内要迭代多次，系数参与迭代，每迭代一次，解一次压力、饱和度方程后更新一次系数，这样不断更新各系数，使之逐渐逼近 $n+1$ 时刻的值。基本做法是在每一个 $n+1$ 时间步的开始，先按第 n 时间步末所得的求解变量的值（在第一个时间步开始时要选择一组初始迭代值），求出方程组内各系数的值，接着解方程组，开始迭代，通过反复迭代使压力饱和度值逼近 $n+1$ 时刻的值。每一次迭代都求出求解变量的一组新值，以

第五章 井间示踪测试综合确定剩余油的原理与方法

此求出新的系数来更新原来的近似系数值,然后再求解方程组,这样迭代下去,直至求出一组满足精度要求的值为止,最后的一组迭代值便作为该时间步的终值。这就是本方法求解方程组一个时间步的迭代过程。然后转入下一个时间步的迭代,这样一步一步地迭代下去,就是求解压力、饱和度的全过程。

根据前面的油组分方程:

$$\nabla\left[\frac{KK_{ro}}{B_o\mu_o}(\nabla P_o - \gamma_o \nabla D)\right] + q_o = \frac{\partial}{\partial t}\left(\frac{\phi S_o}{B_o}\right) \tag{5-21}$$

为了推导方便,把产量项移到方程右边:

$$\nabla\left[\frac{KK_{ro}}{B_o\mu_o}(\nabla P_o - \rho_{og}\nabla D)\right] = \frac{\partial}{\partial x}\left[\frac{KK_{ro}}{B_o\mu_o}(\nabla P_o - \gamma_{og}\nabla D)\right] +$$

$$\frac{\partial}{\partial y}\left[\left(\frac{KK_{ro}}{B_o\mu_o}\right)(\nabla P_o - \gamma_{og}\nabla D)\right] + \frac{\partial}{\partial z}\left[\frac{KK_{ro}}{B_o\mu_o}(\nabla P_o - \gamma_{og}\nabla D)\right] =$$

$$\frac{1}{\Delta x_i}\left(\frac{KK_{ro}S_{oi+1/2}^{n+1}}{B_o P_{oi+1/2}^{n+1}\mu_o(S_{oi+1/2}^{n+1},\ P_{oi+1/2}^{n+1})}\right) \cdot \left(\frac{P_{i+1}^{n+1}-P_i^{n+1}}{\Delta x_{i+1/2}} - \gamma_{og}P_{oi+1/2}^{n+1}\frac{D_{i+1}-D_i}{\Delta x_{i+1/2}}\right) +$$

$$\frac{1}{\Delta x_i}\left[\frac{KK_{ro}S_{oi-1/2}^{n+1}}{B_o P_{oi-1/2}^{n+1}\mu_o(S_{oi-1/2}^{n+1},\ P_{oi-1/2}^{n+1})}\right] \cdot \left(\frac{P_{i-1}^{n+1}-P_i^{n+1}}{\Delta x_{i-1/2}} - \gamma_{og}P_{oi-1/2}^{n+1}\frac{D_{i-1}-D_i}{\Delta x_{i-1/2}}\right) +$$

$$\frac{1}{\Delta y_j}\left[\frac{KK_{ro}S_{oj+1/2}^{n+1}}{B_o P_{oj+1/2}^{n+1}\mu_o(S_{oj+1/2}^{n+1},\ P_{oj+1/2}^{n+1})}\right] \cdot \left[\frac{P_{j+1}^{n+1}-P_j^{n+1}}{\Delta x_{j-1/2}} - \gamma_{og}P_{oj+1/2}^{n+1}\frac{D_{j+1}-D_j}{\Delta x_{j+1/2}}\right] +$$

$$\frac{1}{\Delta y_j}\left[\frac{KK_{ro}S_{oj-1/2}^{n+1}}{B_o P_{oj-1/2}^{n+1}\mu_o(S_{oj-1/2}^{n+1},\ P_{oj-1/2}^{n+1})}\right] \cdot \left[\frac{P_{j-1}^{n+1}-P_j^{n+1}}{\Delta x_{j-1/2}} - \gamma_{og}P_{oj-1/2}^{n+1}\frac{D_{j-1}-D_j}{\Delta x_{j-1/2}}\right] +$$

$$\frac{1}{\Delta z_k}\left[\frac{KK_{ro}S_{ok+1/2}^{n+1}}{B_o P_{ok+1/2}^{n+1}\mu_o(S_{ok+1/2}^{n+1},\ P_{ok+1/2}^{n+1})}\right] \cdot \left[\frac{P_{k+1}^{n+1}-P_k^{n+1}}{\Delta x_{k-1/2}} - \gamma_{og}P_{ok+1/2}^{n+1}\frac{D_{k+1}-D_k}{\Delta x_{k+1/2}}\right] +$$

$$\frac{1}{\Delta z_k}\left[\frac{KK_{ro}S_{ok-1/2}^{n+1}}{B_o P_{ok-1/2}^{n+1}\mu_o(S_{ok-1/2}^{n+1},\ P_{ok-1/2}^{n+1})}\right] \cdot \left(\frac{P_{k-1}^{n+1}-P_i^{n+1}}{\Delta x_{k-1/2}} - \gamma_{og}P_{ok-1/2}^{n+1}\frac{D_{k-1}-D_k}{\Delta x_{k-1/2}}\right) =$$

$$\frac{\partial}{\partial t}\left(\frac{\phi S_o}{B_o}\right) - q_o \tag{5-22}$$

为了简化表达式,把油的流度项做如下标记:

$$\lambda_{oi+1/2} = \frac{KK_{ro}S_{oi+1/2}^{n+1}}{B_o P_{oi+1/2}^{n+1}\mu_o(S_{oi+1/2}^{n+1},\ P_{oi+1/2}^{n+1})} \tag{5-23}$$

$$\lambda_{oi-1/2} = \frac{KK_{ro}S_{oi-1/2}^{n+1}}{B_o P_{oi-1/2}^{n+1}\mu_o(S_{oi-1/2}^{n+1},\ P_{oi-1/2}^{n+1})} \tag{5-24}$$

$$\lambda_{oj+1/2} = \frac{KK_{ro}S_{oj+1/2}^{n+1}}{B_o P_{ok+1/2}^{n+1}\mu_o(S_{oj+1/2}^{n+1},\ P_{oj+1/2}^{n+1})} \tag{5-25}$$

$$\lambda_{oj-1/2} = \frac{KK_{ro}S_{oj-1/2}^{n+1}}{B_o P_{oj-1/2}^{n+1} \mu_o(S_{oj-1/2}^{n+1}, P_{oj-1/2}^{n+1})} \tag{5-26}$$

$$\lambda_{ok+1/2} = \frac{KK_{ro}S_{ok+1/2}^{n+1}}{B_o P_{ok+1/2}^{n+1} \mu_o(S_{ok+1/2}^{n+1}, P_{ok+1/2}^{n+1})} \tag{5-27}$$

$$\lambda_{ok-1/2} = \frac{KK_{ro}S_{ok-1/2}^{n+1}}{B_o P_{ok-1/2}^{n+1} \mu_o(S_{ok-1/2}^{n+1}, P_{ok-1/2}^{n+1})} \tag{5-28}$$

同时，省略了相同的下标。

$$D_{i,j,k} = D_i = D_j = D_k \tag{5-29}$$

$$P_{oi,j,k} = P_{oi} = P_{oj} = P_{ok} = P \tag{5-30}$$

$$P_{wi,j,k} = P_{wi} = P_{wj} = P_{wk} = P_w \tag{5-31}$$

可以简化为：

$$\begin{aligned}
&= \frac{1}{\Delta x_i}(\lambda_{oi+1/2})\left(\frac{P_{i+1}^{n+1}-P_i^{n+1}}{\Delta x_{i+1/2}} - \gamma_{og}P_{oi+1/2}^{n+1}\frac{D_{i-1}-D_i}{\Delta x_{i-1/2}}\right) + \\
&\frac{1}{\Delta x_i}(\lambda_{oi-1/2}) \cdot \left(\frac{P_{i-1}^{n+1}-P_i^{n+1}}{\Delta x_{i-1/2}} - \gamma_{og}P_{oi-1/2}^{n+1}\frac{D_{i-1}-D_i}{\Delta x_{i-1/2}}\right) + \\
&\frac{1}{\Delta y_j}(\lambda_{oj+1/2}) \cdot \left(\frac{P_{j+1}^{n+1}-P_j^{n+1}}{\Delta x_{j+1/2}} - \gamma_{og}P_{oi+1/2}^{n+1}\frac{D_{j+1}-D_j}{\Delta x_{j+1/2}}\right) + \\
&\frac{1}{\Delta y_j}(\lambda_{oj-1/2}) \cdot \left(\frac{P_{j-1}^{n+1}-P_j^{n+1}}{\Delta x_{j-1/2}} - \gamma_{og}P_{oj-1/2}^{n+1}\frac{D_{j-1}-D_j}{\Delta x_{j-1/2}}\right) + \\
&\frac{1}{\Delta z_k}(\lambda_{ok+1/2}) \cdot \left(\frac{P_{k+1}^{n+1}-P_k^{n+1}}{\Delta x_{k+1/2}} - \gamma_{og}P_{ok+1/2}^{n+1}\frac{D_{k+1}-D_k}{\Delta x_{k+1/2}}\right) + \\
&\frac{1}{\Delta z_i}(\lambda_{ok-1/2}) \cdot \left(\frac{P_{k-1}^{n+1}-P_i^{n+1}}{\Delta x_{k-1/2}} - \gamma_{og}P_{ok-1/2}^{n+1}\frac{D_{k-1}-D_k}{\Delta x_{k-1/2}}\right) = \frac{\partial}{\partial t}\left(\frac{\phi S_o}{B_o}\right) - q_o
\end{aligned} \tag{5-32}$$

方程右端第一项的展开形式为：

$$\frac{\partial}{\partial t}\left(\frac{\phi S_o}{B_o}\right) = \frac{\phi}{B_o}\frac{\partial S_o}{\partial t} + \left(\frac{S_o}{B_o}\frac{\partial \phi}{\partial P_o} - \frac{S_o \phi}{B_o^2}\frac{\partial B_o}{\partial P_o}\right)\frac{\partial P_o}{\partial t} = \frac{\phi(P_o^{n+1})}{B_o(P_o^{n+1})}\frac{S_o^{n+1}-S_o^n}{\Delta t} + \\
\left[\frac{S_o^{n+1}}{B_o(P_o^{n+1})}\frac{\partial \phi}{\partial P_o} - \frac{S_o^{n+1}\phi(P_o^{n+1})}{B_o^2(P_o^{n+1})}\frac{\partial B_o(P)}{\partial P_o}\right]\frac{P_o^{n+1}-P_o^n}{\Delta t} \tag{5-33}$$

若记 $\left[\dfrac{S_o^{n+1}}{B_o(P_o^{n+1})}\dfrac{\partial \phi}{\partial P_o} - \dfrac{S_o^{n+1}\phi(P_o^{n+1})}{B_o^2(P_o^{n+1})}\dfrac{\partial B_o(P)}{\partial P_o}\right]$ 为 β_o，式(5-33)简记为：

$$\frac{\partial}{\partial t}\left(\frac{\phi S_o}{B_o}\right) = \frac{\phi(P_o^{n+1})}{B_o(P_o^{n+1})}\frac{S_o^{n+1}-S_o^n}{\Delta t} + \beta_o \frac{P_o^{n+1}-P_o^n}{\Delta t} \tag{5-34}$$

把油相方程两边同时乘以 $v_{ijk} = \Delta x_i \Delta y_j \Delta z_k$，并把源/汇项加入等式右边，则：

$$TX_{oi+1/2}(P_{i+1}^{n+1}-P_i^{n+1})-TX_{oi+1/2}\gamma_{og}P_{oi+1/2}^{n+1}(D_{i+1}-D_i)+$$
$$TX_{oi-1/2}(P_{i-1}^{n+1}-P_i^{n+1})-TX_{oi-1/2}\gamma_{og}P_{oi-1/2}^{n+1}(D_{i-1}-D_i)+$$
$$TY_{oj+1/2}(P_{j+1}^{n+1}-P_j^{n+1})-TY_{oj+1/2}\gamma_{og}P_{oj+1/2}^{n+1}(D_{j+1}-D_j)+$$
$$TY_{oj-1/2}(P_{j-1}^{n+1}-P_j^{n+1})-TY_{oj-1/2}\gamma_{og}P_{oj-1/2}^{n+1}(D_{j-1}-D_j)+ \quad (5-35)$$
$$TZ_{ok+1/2}(P_{k+1}^{n+1}-P_k^{n+1})-TZ_{ok+1/2}\gamma_{og}P_{ok+1/2}^{n+1}(D_{k+1}-D_k)+$$
$$TZ_{ok-1/2}(P_{k-1}^{n+1}-P_k^{n+1})-TZ_{ok-1/2}\gamma_{og}P_{ok-1/2}^{n+1}(D_{k-1}-D_k)=$$
$$-q_o V_{ijk}+V_{ijk}\frac{\phi P_o^{n+1}}{B_o(P_o^{n+1})}\frac{S_o^{n+1}-S_o^n}{\Delta t}+V_{ijk}\beta_o\frac{P_o^{n+1}-P_o^n}{\Delta t}$$

式中

$$TX_{oi+1/2}=\frac{\Delta y_j \Delta z_k}{\Delta x_{i+1/2}}\lambda_{oi+1/2}; \quad TX_{oi-1/2}=\frac{\Delta y_j \Delta z_k}{\Delta x_{i-1/2}}\lambda_{oi-1/2}$$

$$TY_{oj+1/2}=\frac{\Delta x_i \Delta z_k}{\Delta y_{j+1/2}}\lambda_{oj+1/2}; \quad TY_{oj-1/2}=\frac{\Delta x_i \Delta z_k}{\Delta y_{j-1/2}}\lambda_{oj-1/2}$$

$$TZ_{ok+1/2}=\frac{\Delta x_j \Delta y_j}{\Delta y_{k+1/2}}\lambda_{ok+1/2}; \quad TZ_{ok-1/2}=\frac{\Delta x_i \Delta y_j}{\Delta y_{k-1/2}}\lambda_{ok-1/2}$$

为了简化表示，引入线性差分算子

$$\Delta_x T_o X_o \Delta_x P = TX_{oi+1/2}(P_{i+1}^{n+1}-P_i^{n+1})+TX_{oi-1/2}(P_{i-1}^{n+1}-P_i^{n+1}) \quad (5-36)$$

$$\Delta_y T_o Y_o \Delta_y P = TY_{oj+1/2}(P_{j+1}^{n+1}-P_j^{n+1})+TY_{oj-1/2}(P_{j-1}^{n+1}-P_j^{n+1}) \quad (5-37)$$

$$\Delta_z T_o R_o \Delta_z P = TZ_{ok+1/2}(P_{k+1}^{n+1}-P_k^{n+1})+TZ_{ok-1/2}(P_{k-1}^{n+1}-P_k^{n+1}) \quad (5-38)$$

$$\Delta_x T_o X_o \Delta_x (\gamma_{og} D) = TX_{oi+1/2}\gamma_{og}P_{oi+1/2}^{n+1}(D_{i+1}-D_i)+$$
$$TX_{oi-1/2}\gamma_{og}P_{oi-1/2}^{n+1}(D_{i-1}-D_i) \quad (5-39)$$

$$\Delta_y T_o Y_o \Delta_y (\gamma_{og} D) = TY_{oj+1/2}\gamma_{og}(P_{oj+1/2}^{n+1})(D_{j+1}-D_j)+$$
$$TY_{oj-1/2}\gamma_{og}P_{oj-1/2}^{n+1}(D_{j-1}-D_j) \quad (5-40)$$

$$\Delta_z T_o Z_o \Delta_z (\gamma_{og} D) = TZ_{ok+1/2}\gamma_{og}(P_{ok+1/2}^{n+1})(D_{k+1}-D_k)+$$
$$TZ_{ok-1/2}\gamma_{og}P_{ok-1/2}^{n+1}(D_{k-1}-D_k) \quad (5-41)$$

则式(5-35)可以简化为：

$$\Delta T_o \Delta P - \Delta T_o \Delta(\gamma_{og} D) = -q_o V_{ijk}+V_{ijk}\frac{\phi P_o^{n+1}}{B_o P_o^{n+1}}\frac{S_o^{n+1}-S_o^n}{\Delta t}+V_{ijk}\beta_o\frac{P_o^{n+1}-P_o^n}{\Delta t} \quad (5-42)$$

4. 水组分差分方程

对于水组分方程：

$$\nabla\left[\frac{KK_{rw}}{B_w \mu_w}(\nabla P_w - \gamma_w \nabla D)\right]+q_w = \frac{\partial}{\partial t}\left(\frac{\phi S_w}{B_w}\right) \quad (5-43)$$

$$左端项 = \frac{1}{\Delta x_i}\lambda_{wi+1/2}\left(\frac{P_{i+1}^{n+1}-P_i^{n+1}}{\Delta x_{i+1/2}}-\gamma_w P_{wi+1/2}^{n+1}\frac{D_{i+1}-D_i}{\Delta x_{i+1/2}}\right)+$$

$$\frac{1}{\Delta x_i}\lambda_{wi-1/2}\cdot\left(\frac{P_{i-1}^{n+1}-P_i^{n+1}}{\Delta x_{i-1/2}}-\gamma_w P_{wi-1/2}^{n+1}\frac{D_{i-1}-D_i}{\Delta x_{i-1/2}}\right)+$$

$$\frac{1}{\Delta y_j}\lambda_{wj+1/2}\cdot\left(\frac{P_{j+1}^{n+1}-P_j^{n+1}}{\Delta x_{j+1/2}}-\gamma_w P_{wi+1/2}^{n+1}\frac{D_{j+1}-D_j}{\Delta x_{j+1/2}}\right)-$$

$$\frac{1}{\Delta x_i}\left(\lambda_{wi+1/2}\frac{P_{cowi+1}^{n+1}-P_{cowi}^{n+1}}{\Delta x_{i+1/2}}+\lambda_{wi-1/2}\frac{P_{cowi-1}^{n+1}-P_{cowi}^{n+1}}{\Delta x_{i-1/2}}\right)-$$

$$\frac{1}{\Delta y_j}\left(\lambda_{wj+1/2}\frac{P_{cowj+1}^{n+1}-P_{cowj}^{n+1}}{\Delta y_{j+1/2}}+\lambda_{wj-1/2}\frac{P_{cowj-1}^{n+1}-P_{cowj}^{n+1}}{\Delta y_{j+1/2}}\right)-$$

$$\frac{1}{\Delta z_k}\left(\lambda_{wk+1/2}\frac{P_{cowk+1}^{n+1}-P_{cowk}^{n+1}}{\Delta z_{k+1/2}}+\lambda_{wk-1/2}\frac{P_{cowk-1}^{n+1}-P_{cowk}^{n+1}}{\Delta z_{k-1/2}}\right)+$$

$$q_w=\frac{\partial}{\partial t}\left(\frac{\phi S_w}{B_w}\right) \tag{5-44}$$

式中，$\lambda_{wi+1/2}$ 的含义与油相的相同。

式 (5-44) 两边同时乘以 $V_{ijk}=\Delta x_i\Delta y_j\Delta z_k$，并把源/汇项移到等式右边，并令：

$$TX_{wi+1/2}=\frac{\Delta y_j\Delta z_k}{\Delta x_{i+1/2}}\lambda_{wi+1/2}\;;\;TX_{wi-1/2}=\frac{\Delta y_j\Delta z_k}{\Delta x_{i-1/2}}\lambda_{wi-1/2}$$

$$TY_{wj+1/2}=\frac{\Delta x_i\Delta z_k}{\Delta x_{j+1/2}}\lambda_{wj+1/2}\;;\;TY_{wj-1/2}=\frac{\Delta x_i\Delta z_k}{\Delta y_{j-1/2}}\lambda_{wj-1/2}$$

$$TZ_{wk+1/2}=\frac{\Delta x_i\Delta y_j}{\Delta y_{k+1/2}}\lambda_{wk+1/2}\;;\;TZ_{wk-1/2}=\frac{\Delta x_i\Delta y_j}{\Delta y_{k-1/2}}\lambda_{wk-1/2}$$

则：

$$TX_{wi+1/2}(P_{i+1}^{n+1}-P_i^{n+1})-TX_{wi+1/2}\gamma_w P_{wi+1/2}^{n+1}(D_{i+1}-D_i)+TX_{wi-1/2}(P_{i-1}^{n+1}-P_i^{n+1})$$
$$-TX_{wi-1/2}\gamma_w P_{wi-1/2}^{n+1}(D_{i-1}-D_i)+TY_{wj+1/2}(P_{j+1}^{n+1}-P_j^{n+1})-TY_{wj+1/2}\gamma_w P_{wj+1/2}^{n+1}(D_{j+1}-D_j)+$$
$$TY_{wj-1/2}(P_{j-1}^{n+1}-P_j^{n+1})-TY_{wj-1/2}\gamma_w P_{wj-1/2}^{n+1}(D_{j-1}-D_j)+TZ_{wk+1/2}(P_{k+1}^{n+1}-P_k^{n+1})-$$
$$TZ_{wk+1/2}\gamma_w P_{wk+1/2}^{n+1}(D_{k+1}-D_k)+TZ_{wk-1/2}(P_{k-1}^{n+1}-P_k^{n+1})-TZ_{wk-1/2}\gamma_w P_{wk-1/2}^{n+1}(D_{k-1}-D_k)-$$
$$[TX_{wi+1/2}(P_{cowi+1}^{n+1}-P_{cowi}^{n+1})+TX_{wi-1/2}(P_{cowi-1}^{n+1}-P_{cowi}^{n+1})]-$$
$$[TX_{wj+1/2}(P_{cowj+1}^{n+1}-P_{cowj}^{n+1})+TX_{wj-1/2}(P_{cowj-1}^{n+1}-P_{cowj}^{n+1})]-$$
$$[TX_{wk+1/2}(P_{cowk+1}^{n+1}-P_{cowk}^{n+1})+TX_{wk-1/2}(P_{cowk-1}^{n+1}-P_{cowk}^{n+1})]+q_w V_{ijk}=V_{ijk}\frac{\partial}{\partial t}\left(\frac{\phi S_w}{B_w}\right)$$

$$\tag{5-45}$$

引入线性差分算子，把式 (5-45) 左端项简记为：

$$\Delta T_w\Delta P-\Delta T_w\Delta(\gamma_{og}D)-\Delta T_w\Delta P_{cow}+V_{ijk}q_w \tag{5-46}$$

第五章　井间示踪测试综合确定剩余油的原理与方法

展开方程(5-45)的右端项：

$$\frac{\partial}{\partial t}\left(\frac{\phi S_w}{B_w}\right) = \frac{\phi P_w^{n+1}}{B_w P_w^{n+1}} \frac{S_w^{n+1} - S_w^n}{\Delta t} + \left[\frac{S_w^{n+1}}{B_w P_w^{n+1}} \frac{\partial \phi}{\partial P_w} - \frac{\phi P_w^{n+1} S_w^{n+1}}{B_w^2 P_w^{n+1}} \frac{\partial B_w}{\partial P_w}\right]$$

$$\frac{(P^{n+1} - P^n) - (P_{cow}^{n+1} - P_{cow}^n)}{\Delta t} \tag{5-47}$$

令 $\left[\dfrac{S_w^{n+1}}{B_w P_w^{n+1}} \dfrac{\partial \phi}{\partial P_w} - \dfrac{\phi P_w^{n+1} S_w^{n+1}}{B_w^2 P_w^{n+1}} \dfrac{\partial B_w}{\partial P_w}\right] = \beta_w \tag{5-48}$

方程(5-45)右端项进一步简写为：

$$\text{右端项} = \frac{\partial}{\partial t}\left(\frac{\phi S_w}{B_w}\right) = \frac{\phi P_w^{n+1}}{B_w P_w^{n+1}} \frac{S_w^{n+1} - S_w^n}{\Delta t} + \beta_w \frac{(P^{n+1} - P^n) - (P_{cow}^{n+1} - P_{cow}^n)}{\Delta t} \tag{5-49}$$

最后，水相方程可以记为：

$$\Delta T_w \Delta P - \Delta T_w \Delta(\gamma_{og} D) - \Delta T_w \Delta P_{cow} = V_{ijk} \frac{\phi P_w^{n+1}}{B_w P_w^{n+1}} \frac{S_w^{n+1} - S_w^n}{\Delta t} + V_{ijk} \beta_w$$

$$\frac{(P^{n+1} - P^n) - (P_{cow}^{n+1} - P_{cow}^n)}{\Delta t} - q_w \cdot V_{ijk} \tag{5-50}$$

5. 气组分差分方程

对于气组分方程：

$$\nabla\left[\frac{R_{so} K K_{ro}}{B_o \mu_o}(\nabla P_o - \gamma_o \nabla D)\right] + \nabla\left[\frac{K K_{rg}}{B_g \mu_g}(\nabla P_g - \gamma_g \nabla D)\right] + q_g = \frac{\partial}{\partial t}\left[\phi\left(\frac{R_{so} S_o}{B_o} + \frac{S_g}{B_g}\right)\right] \tag{5-51}$$

在合并油、水、气方程后对压力方程进行差分时，只需气相方程的左端项，因此这里只对式(5-51)左端项进行离散化。

$$\text{左端项} = \frac{1}{\Delta x_i} \lambda_{ogi+1/2}\left(\frac{P_{i+1}^{n+1} - P_i^{n+1}}{\Delta x_{i+1/2}} - \gamma_{og} P_{i+1/2}^{n+1} \frac{D_{i+1} - D_i}{\Delta x_{i+1/2}}\right) +$$

$$\frac{1}{\Delta x_i} \lambda_{ogi-1/2}\left(\frac{P_{i-1}^{n+1} - P_i^{n+1}}{\Delta x_{i-1/2}} - \gamma_{og} P_{i-1/2}^{n+1} \frac{D_{i-1} - D_i}{\Delta x_{i-1/2}}\right) +$$

$$\frac{1}{\Delta y_j}(\lambda_{ogi+1/2})\left(\frac{P_{j+1}^{n+1} - P_j^{n+1}}{\Delta x_{j+1/2}} - \gamma_{og} P_{i+1/2}^{n+1} \frac{D_{j+1} - D_j}{\Delta x_{j+1/2}}\right) +$$

$$\frac{1}{\Delta x_i}\left(\lambda_{ogi+1/2} \frac{P_{cogi+1}^{n+1} - P_{cogi}^{n+1}}{\Delta x_{i+1/2}} + \lambda_{ogi-1/2} \frac{P_{cogi-1}^{n+1} - P_{cogi}^{n+1}}{\Delta x_{i-1/2}}\right) +$$

$$\frac{1}{\Delta y_j}\left(\lambda_{ogj+1/2} \frac{P_{cogj+1}^{n+1} - P_{cogj}^{n+1}}{\Delta y_{j+1/2}} + \lambda_{ogj-1/2} \frac{P_{cogj-1}^{n+1} - P_{cogj}^{n+1}}{\Delta y_{j+1/2}}\right) +$$

$$\frac{1}{\Delta z_k}\left(\lambda_{ogk+1/2} \frac{P_{cogk+1}^{n+1} - P_{cogk}^{n+1}}{\Delta z_{k+1/2}} + \lambda_{ogk-1/2} \frac{P_{cogk-1}^{n+1} - P_{cogk}^{n+1}}{\Delta z_{k-1/2}}\right) +$$

$$\frac{1}{\Delta x_i} \lambda_{gi+1/2}\left(\frac{P_{i+1}^{n+1} - P_i^{n+1}}{\Delta x_{i+1/2}} - \gamma_g(P_{i+1/2}^{n+1}) \frac{D_{i+1} - D_i}{\Delta x_{i+1/2}}\right) +$$

$$\frac{1}{\Delta x_i}\lambda_{gi-1/2}\left(\frac{P_{i-1}^{n+1}-P_i^{n+1}}{\Delta x_{i-1/2}}-\gamma_g P_{i-1/2}^{n+1}\frac{D_{i-1}-D_i}{\Delta x_{i-1/2}}\right)+$$

$$\frac{1}{\Delta y_j}\lambda_{gi+1/2}\left(\frac{P_{j+1}^{n+1}-P_j^{n+1}}{\Delta x_{j+1/2}}-\gamma_g P_{i+1/2}^{n+1}\frac{D_{j+1}-D_j}{\Delta x_{j+1/2}}\right)+$$

$$q_g = \frac{\partial}{\partial t}\left[\phi\left(\frac{R_{so}S_o}{B_o}+\frac{S_g}{B_g}\right)\right] \tag{5-52}$$

式(5-52)中：

$$\lambda_{ogi+1/2}=\frac{R_{so}KK_{ro}S_{oi+1/2}^{n+1}}{B_o P_{oi+1/2}^{n+1}\mu_o(S_{oi+1/2}^{n+1},P_{oi+1/2}^{n+1})} \tag{5-53}$$

$$\lambda_{gi+1/2}=\frac{KK_{rg}S_{gi+1/2}^{n+1}}{B_g P_{gi+1/2}^{n+1}\mu_g(S_{gi+1/2}^{n+1},P_{gi+1/2}^{n+1})} \tag{5-54}$$

其他类同，经过整理后有：

$$\Delta T_{og}\Delta P-\Delta T_{og}\Delta(\gamma_{og}D)+\Delta T_g\Delta P_{cog}+\Delta T_g\Delta P-\Delta T_g\Delta(\gamma_g D)+V_{ijk}=\frac{\partial}{\partial t}\left[\phi\left(\frac{R_{so}S_o}{B_o}+\frac{S_g}{B_g}\right)\right] \tag{5-55}$$

6. 求解流程

采用 IMPES 方法进行各个方程的求解，实现的方法是通过逐次迭代的方式进行求解的，在每一迭代中，先是隐式求解压力，之后显式求解油、水、气相的饱和度，判断两次迭代是否满足约定条件（两次迭代的压差小于规定最小迭代压差），如果不满足，则继续迭代逼近 $n+1$ 时刻的真值，如果满足则继续进行下一时间步的运算。

程序的实现框图如图 5-1 所示。

7. 压力差分方程

由油、气、水的组分方程出发，得出压力的计算方程。在对方程进行差分时，保留油相压力，而利用油、气、水三相压力和油、水毛管力及油、气毛管力的关系消去气、水两相压力，而气、油毛管力，以及水、油之间的毛管力又是饱和度的函数。

$$(B_o-R_{so}B_g)\left\{\nabla\left[\frac{KK_{ro}}{B_o\mu_o}(\nabla P_o-\gamma_{og}\nabla D)\right]+q_o\right\}+B_w\left\{\nabla\left[\frac{KK_{rw}}{B_w\mu_w}(\nabla P_w-\gamma_w\nabla D)\right]+q_w\right\}$$

$$+B_g\left\{\nabla\left[\frac{R_{So}KK_{ro}}{B_o\mu_o}(\nabla P_o-\gamma_{og}\nabla D)\right]+\nabla\left[\frac{\rho_g KK_{rg}}{B_g\mu_g}(\nabla P_g-\gamma_g\nabla D)\right]+q_g\right\}$$

$$=(B_o-R_{so}B_g)\frac{\partial}{\partial t}\left(\frac{\phi S_o}{B_o}\right)+B_w\frac{\partial}{\partial t}\left(\frac{\phi S_w}{B_w}\right)+B_g\frac{\partial}{\partial t}\left[\phi\left(\frac{R_{so}S_o}{B_o}+\frac{S_g}{B_g}\right)\right] \tag{5-56}$$

式中 γ_j——j 相的相对密度，cm^3/g，$j=o,w,g$；

s_j——j 相的饱和度，$j=o,w,g$；

B_j——j 相的体积系数，$j=o$，w，g；

R_{so}——溶解气油比，m^3/m^3；

q_j——源汇项，单位时间单位岩石体积注入或采出的量，$j=o$，w，g；

ϕ——岩石的孔隙度；

K——岩石的绝对渗透率，μm^2；

K_{rj}——j 相的相对渗透率；

μ_j——j 相的黏度，$mPa·s$，$j=o$，w，g；

P_j——j 相的压力，$10^{-1}MPa$，$j=o$，w，g；

∇——数学微分算子。

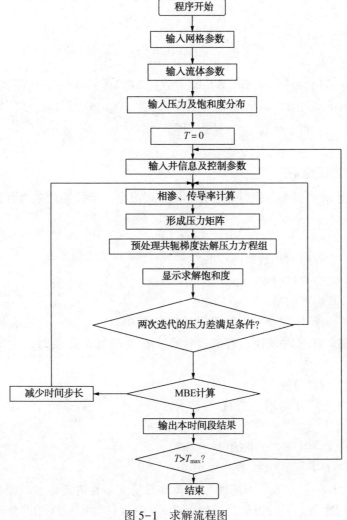

图 5-1 求解流程图

对于压力方程进行差分，其左端项可以从前面推导的油、气、水组分方程的左端项中获取。

由 $S_o+S_w+S_g=1$，可以得到：$\dfrac{\partial S_o}{\partial t}+\dfrac{\partial S_w}{\partial t}+\dfrac{\partial S_g}{\partial t}=0$ (5-57)

代入方程(5-56)右端项，有：

$$\text{右端项}=(B_o-R_{so}B_g)\dfrac{\partial}{\partial t}\left(\dfrac{\phi S_o}{B_o}\right)+B_w\dfrac{\partial}{\partial t}\left(\dfrac{\phi S_w}{B_w}\right)+B_g\dfrac{\partial}{\partial t}\left[\phi\left(\dfrac{R_{so}S_o}{B_o}+\dfrac{S_g}{B_g}\right)\right]$$

$$=\left(S_o\dfrac{\partial\phi}{\partial P}-\dfrac{S_oR_{so}B_g\partial\phi}{B_o}-\dfrac{\phi S_o\partial B_o}{B_o\ \partial P}+\dfrac{\phi S_oR_{so}\partial B_o}{B_o^2\ \partial P}+S_w\dfrac{\partial\phi}{\partial P_w}-\dfrac{\phi S_w\partial B_w}{B_w\ \partial P_w}+\right.$$

$$\left.S_g\dfrac{\partial\phi}{\partial P_g}-\dfrac{\phi S_g\partial B_g}{B_g\ \partial P_g}+\dfrac{B_gS_oR_{so}\partial\phi}{B_o\ \partial P}+\dfrac{B_gS_o\phi\partial R_{so}}{B_o\ \partial P}\right)\dfrac{\partial P}{\partial t}+$$

$$\left(\dfrac{\phi S_w\partial B_w}{B_w\ \partial P_w}-S_w\dfrac{\partial\phi}{\partial P_w}\right)\dfrac{\partial P_{cow}}{\partial t}+\left(\dfrac{\phi S_g\partial B_g}{B_g\ \partial P_g}-S_g\dfrac{\partial\phi}{\partial P_g}\right)\dfrac{\partial P_{cog}}{\partial t} \quad (5-58)$$

$$\Delta T_o\Delta P-\Delta T_o\Delta(\gamma_{og}D)+\Delta T_w\Delta P-\Delta T_w\Delta(\gamma_wD)-\Delta T_w\Delta P_{cow}+\Delta T_{og}\Delta P-\Delta T_{og}\Delta(\gamma_{og}D)+$$
$$\Delta T_g\Delta P_{cog}+\Delta T_g\Delta P-\Delta T_g\Delta(\gamma_gD)+(B_o^{n+1}-R_{so}^{n+1}B_g^{n+1})V_{ijk}q_o+B_w^{n+1}V_{ijk}q_w+B_g^{n+1}V_{ijk}q_g=$$
$$\beta_p\dfrac{P^{n+1}-P^n}{\Delta t}+\beta_{pcow}\dfrac{P_{cow}^{n+1}-P_{cow}^n}{\Delta t}+\beta_{pcog}\dfrac{\partial P_{cog}^{n+1}-P_{cog}^n}{\Delta t} \quad (5-59)$$

8. 线性方程组解法

前面所导出的压力方程组和组分守恒方程组是一个线性代数方程组，其表达形式如下：

$$AX=B \quad (5-60)$$

式中 A——方程组的系数矩阵；

  X——未知变量(压力)；

  B——右端项向量。

在这里，采用不完全 LU 分解预处理共轭梯度法，这一方法和较常应用的 LSOR 法比较，具有收敛快、省时等优点，在处理复杂地层时，这种优势更为显著。

1) 不完全 LU 分解

定义系数矩阵 A 的不完全 LU 分解为：

$$A=LDU-R \quad (5-61)$$

式中 L、D、U——下三角阵和上三角阵。

  R——误差阵。

不完全 LU 分解过程一方面使 LDU 阵在数值上与 A 阵近似，以提高预处理效果，减少迭代次数；另一方面尽量使 $L+D+U$ 阵保持与原矩阵相同和近似的稀疏结构，以充分利用 A 阵的稀疏性。

第五章 井间示踪测试综合确定剩余油的原理与方法

在此对系数的处理时采用的是基于 IMPES 方法的隐式处理，求解时，在自然网格排序下，形成的压力方程具有七对角形式。

在自然编码情况下，系数矩阵的零级、一级、二级不完全 LU 分解，对应的是不增加带宽、增加两条带宽和增加三条带宽的 LDU 分解。其中零级分解不增加带宽，是最简单实用的一种方法，称为 DKR 分解。对于这种分解，$L+D+U$ 保持和原系数矩阵完全相同的稀疏结构，且 L 阵和 U 阵的各元素与对应的系数矩阵 A 的相应位置上的元素值完全相等，所需的内存只是对角阵所占用的，因而是最经济而又有实效的一种分解方法，因而在本模型中，采用了 DKR 分解。

在 DKR 分解中，进行分解所需要计算的良知是对角元素 D，其公式如下：

$$d_1 = 1/(\gamma_i - \alpha_{1i} d'_i \alpha'_{2i} - \alpha_{3i} d''_i \alpha''_{4i} - \alpha_{5i} d'''_i \alpha'''_{6i}) \tag{5-62}$$

在求解方程组时只需计算一次，因而计算工作量较小。运用 DRK 分解求解方程组的过程如下：

令 $M = LDU$，则有：

$$MX^n = LDUX^n = \gamma^n \tag{5-63}$$

$$X^n = M^{-1} \gamma^n \tag{5-64}$$

这一求解过程由下列几步完成：

$$Z = L^{-1} \gamma^n$$
$$Y = D^{-1} Z \tag{5-65}$$
$$X = U^{-1} Y$$

2）共轭梯度法

设求解的方程组为 $AX = b$，为 m 个方程，n 个未知数的方程组，考虑二次式：

$$F(X) = \frac{1}{2}[(X, A_x) - bX] \tag{5-66}$$

设 $X^* = A^{-1} b$，则有：

$$F(X) = F(X^*) + \frac{1}{2}[(X - X^*), A(X - X^*)] \tag{5-67}$$

所以对线性方程组 $AX = b$ 的求解就等价于求上述泛函的 $F(X)$ 的极小点。向量 grad $F(X)$ 的方向[即 $F(X)$ 的负梯度方向]是泛函 $F(X)$ 在 X 点处具有的最大变化率的方向，与此相联系的最陡下降法的迭代过程如下：

$$X^{(n+1)} = X^{(n)} + \alpha_n \text{GRADF}(X^n) \tag{5-68}$$

式中：

$$\gamma^{(n)} = b - AX^n \tag{5-69}$$

$$\alpha_n = (\gamma^{(n)}, \gamma^{(n)})/(\gamma^{(n)}, A\gamma^{(n)}) \tag{5-70}$$

共轭梯度法是最陡下降法的一种修正，令 $P^{(n)}$ 作为第 n 次探索的方向向量，具

有 $P^{(0)} = \gamma^{(0)}$，在探索中保持 $P^{(n)}$ 与 $P^{(n-1)}$ 相互为 A 共轭，即 $(P^{(n)}, AP^{(n-1)}) = 0$，其迭代过程如下：

$$X^{(n+1)} = X^{(0)} + \alpha_n P^{(n)} \tag{5-71}$$

$$P^{(n)} = \begin{cases} \gamma^{(n)}, & n = 0 \\ \gamma^{(n)} + \beta_n P^{(n-1)} & n = 1, 2 \cdots \cdots \end{cases} \tag{5-72}$$

$$\beta_n = -\frac{(\gamma^{(n)}, AP^{(n-1)})}{(P^{n-1}, AP^{(n-1)})} \quad n = 1, 2 \cdots \cdots \tag{5-73}$$

$$\gamma_n = b - AX^{(n)} \tag{5-74}$$

$$\alpha_n = -\frac{(P^{(n)}, \gamma^{(n)})}{(P^{(n)}, AP^{(n)})} \quad n = 0, 1, 2 \cdots \cdots \tag{5-75}$$

X^0——初始向量。

共轭梯度法在求解油藏问题时，由于系数矩阵出现病态，变得收敛缓慢。为了提高精度和加快收敛速度，需要消除矩阵的病态，因此就引入了预处理的方式。

3）预处理共轭梯度法

为了改变系数矩阵的病态，提高收敛速度，人们采用了许多预处理方法，其基本思想都是用一个与原系数矩阵相似的、易于分解的 M 阵作用于原方程组，即：

$$(AM^{-1})(MX) = b \tag{5-76}$$

令 $B = AM^{-1}$，$MX = Y$，则有：

$$BY = b \tag{5-77}$$

由于 M 与 A 相近性，使得 B 更接近于单位矩阵 I。对于式(5-77)应用共轭梯度法求解出 Y，收敛速度就会大大加快。其迭代过程如下：

$$\gamma_o = b - AX_o \tag{5-78}$$

$$q_o = M^{-1}\gamma_o \tag{5-79}$$

$$X_{K+2} = X_K + \alpha_K q_K \tag{5-80}$$

$$\gamma_{K+1} = \gamma_K - \alpha_K Aq_K \tag{5-81}$$

$$q_{K+1} = M^{-1}\gamma_{K+1} + B_{K+1} q_K \tag{5-82}$$

$$\alpha_K = (\gamma_K, M^{-1}\gamma_K)/(q_K, Aq_K) \tag{5-83}$$

$$\beta_{K+1} = (\gamma_{K+1}, M^{-1}\gamma_{K+1})/(\gamma_K, M^{-1}\gamma_K) \tag{5-84}$$

这种迭代法是一种较省存储空间，程序编制简单的一种方法，对于对角占优的方程组的求解效果显著，为了加快收敛，本模型采用了再启动循环的方法，即在内循环达到了一定的次数以后重新回到初始外循环，这将有利于解法的收敛性。

9. 井间参数修正方法

根据井间示踪测试解释得到对应井间示踪剂的渗流方向、渗流通道的发育单元、渗流通道的平均渗透率 K_{high}、渗流通道的平均厚度 h_{high}、渗流通道的面积 A_{high} 等,可以作为地质模型校正的基础资料。

在此,提供了两种方式:一是直接修改地质模型的渗透率分布,二是构造储层渗透率变异函数,根据数值模拟得到目前渗透率分布。

鉴于目前研究状况和认识程度,认为渗透率变异函数的引入尚停留在理论研究阶段,只有在储层内部易于发生渗透率变异,形成高渗通道,且较为普遍时,才采用第二种方式。

1) 直接修正地质模型

井间示踪测试在修正地质模型方面有两类作用:定性的指导作用和定量的参数确定。

(1) 定性的指导作用。给出了目前状况下地质模型与原始地质模型存在差异的方向,即井组内部见剂的方向不同,这些方向是考虑直接修改地质模型的位置。定性的指导作用包括:

① 给出了目前状况下地质模型与原始地质模型存在差异的层位和单元。这些对应层位的储层参数变异是最为突出的,确定了参数变异的上限范围。

② 给出了目前状况下对应单元内部,地质模型与原始地质模型的差异,可以作为修正地质模型的参考。

③ 示踪测试的各种指标综合给出了测试井组范围内,目前地质模型与原始地质模型之间存在差异与否以及差异的大小,给出了地质模型是否需要修正的直观判断依据。

④ 给出了测试井组范围内注采对应关系,根据测试井组注采对应关系,可以外推测试井组周围注采对应关系,确定参数调整方向。

⑤ 部分井组的井间示踪测试,尤其是当测试井组较为典型时,可以显示出区块注采井间存在的问题和渗流规律,作为数值模拟历史拟合的参考原则。

在多层、多井油藏里面,目前的油藏描述精度下,一方面往往难以判断来水的方向和注采对应关系,也难以判断水窜的单元,存在很强的多解性,示踪测试在很大程度上解决了这一问题;另一方面,根据少量井组的测试,确定区块数值模拟历史拟合过程中的参考标准,减小盲目性。

(2) 定量的参数确定。地质模型的变异,主要指渗透率的变异,其他参数变化相对幅度小。因此,定量参数的确定,主要指渗透率变异范围、变异程度的确定。

① 渗透率变异单元的层内厚度 h_{high} 可以通过井间示踪测试解释直接得到。

② 渗透率变异单元内高渗通道的平均渗透率 K_{high} 可以通过井间示踪测试解

释直接得到。

③ 渗透率变异单元的面积 A_{high} 可以通过井间示踪测试解释直接得到。

④ 渗透率变异单元内部高渗通道的体积 V_{high} 可以通过井间示踪测试解释直接得到。

⑤ 渗透率变异单元内部高渗通道的宽度 W_{high}。根据注采井距 L，可以得到渗透率变异单元内部高渗通道的宽度：$W_{high}=A_{high}/L$。

⑥ 渗透率调整的参考数值 K_{ref}。在储层单元厚度 h_0、原始渗透率 K_0 已知的情况下，可以得到在修正地质模型时参考的渗透率数值 K_{ref}：

$$K_{ref}=\frac{K_{high}h_{high}+K_0(h_0-h_{high})}{h_0} \tag{5-85}$$

（3）调整地质模型的步骤。

第一步，根据示踪测试结果确定井组内部需要调整的单元、调整的方向以及调整的幅度，确定具体调整参数的大小。

第二步，利用提供的参数修改地质模型。

第三步，进行数值模拟计算，查看历史拟合结果。

第四步，如果测试井组内部历史拟合结果达到满意，则开始第五步，否则进一步略微调整参数，重复第一步—第三步。

第五步，总结测试井组内储层变异规律。

第六步，根据测试结果确定测试井组周围注采对应关系，明确调整方向和部位。

第七步，将储层变异规律和注采对应关系分析结果应用到修正地质模型上来，得到更好的数值模拟历史拟合结果，从而得到剩余油分布结果。

2）构造渗透率变异函数

关于储层变异的描述目前尚处于室内和理论探索研究阶段，在此进行了初步的尝试，根据前期的研究，给出了一个渗透率变异函数，作为井组示踪测试解释结果与地质模型变异的衔接点。

渗透率变异函数构造为：

$$dK/dt=a(K)[v_w-v_{w0}(K)]+b(K)[v_w-v_{w0}(K)]^2 \tag{5-86}$$

对于均匀储层、恒定渗流速度来讲：

$$K=K_0+\{a(K)[v_w-v_{w0}(K)]+b(K)[v_w-v_{w0}(K)]^2\}t \tag{5-87}$$

式中　$a(K)$、$b(K)$——与渗透率 K 有关的系数，根据实验测定；

v_w——水相渗流速度，m/d；

v_{w0}——临界水相渗流速度，m/d；

t——时间，d；

K_0——原始渗透率，$10^{-3}\mu m^2$。

根据实验测定结果或者采用试算的方法，得到目前地质模型。试算步骤如下：

第一步，根据井间示踪测试解释结果确定渗透率变异函数中的系数初值，并输入软件。

第二步，计算得到测试井组范围内目前的渗透率参数场和饱和度场。

第三步，查看数值模拟得到的渗透率参数场和含水指标与示踪测试解释结果和实际含水指标的符合情况。

第四步，如果符合不好，修改渗透率变异函数系数，重复第一步—第三步。

第五步，进一步总结测试井组内储层变异规律。

第六步，将储层变异规律和注采对应关系分析结果应用到修正地质模型上来，得到更好的数值模拟历史拟合结果，从而得到剩余油分布结果。

第四节　双示踪剂测试确定剩余油饱和度分布原理和方法

双示踪剂井间监测是以示踪剂在储层中的色谱分离理论及对流扩散理论为基础，在注水井中同时注入两种示踪剂，一种是只溶于水的非分配示踪剂，另一种是既溶于水又溶于油的分配示踪剂。非分配示踪剂只存在于水相中，随注入水一同被驱替至生产井中。分配示踪剂随注入水推进过程中，在示踪剂浓度梯度作用下，示踪剂分子将从示踪剂段塞中扩散到油相中，段塞通过后，浓度梯度反向，示踪剂分子将从油相中向水中扩散。这样，分配性示踪剂在生产井的产出就滞后于非分配示踪剂的产出，滞后的时间除了与分配示踪剂本身的特性有关外，还与示踪剂所流经油藏的含油多少有关，根据这种关系，就可以确定井间含油饱和度（图5-2）。

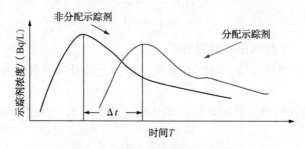

图5-2　双示踪剂产出曲线示意图

1. 对应井间示踪剂通道平均饱和度的确定

如前所述，在理想条件下，即单相流、无多层影响等条件下，根据色谱原理，可以得到井间分配示踪剂的渗流速度：

$$v_1 = \frac{v_w}{1+\beta} \tag{5-88}$$

式中 v_1——分配示踪剂的渗流速度；

v_w——水相渗流速度或者非分配示踪剂渗流速度；

$1+\beta$——迟滞系数，与井间高渗通道剩余油饱和度有关。

假设两种示踪剂同时注入，且它们的流动路径相同，此时可以从示踪剂产出曲线上，直接读取上面分配示踪剂和非分配示踪剂的突破时间或者峰值时间，计算得到渗流速度，得到迟滞系数，最终求得剩余油饱和度平均值：

$$S_o = \frac{v_w - v_1}{v_w + (K-1)v_1} \tag{5-89}$$

式中 K——分配系数。

在工作制度稳定的情况下，将式(5-89)转化为：

$$t_w = \frac{t_1}{1+\beta} \tag{5-90}$$

式中 t_1——分配示踪剂界标对应的时间；

t_w——非分配示踪剂界标对应的时间。

此时可以直接利用对应界标处的时间来计算剩余油饱和度：

$$S_o = \frac{t_1 - t_w}{t_1 + (K-1)t_w} \tag{5-91}$$

有时，为了计算的准确度，引入示踪剂浓度高峰对应的累积体积流量的形式替换速度和时间形式，示踪剂浓度高峰对应的累积体积流量可以表示为：

$$\overline{Q} = \frac{\int_0^\infty CQdQ}{\int_0^\infty CdQ} \tag{5-92}$$

式中 C——任一示踪剂任一时刻浓度；

Q——示踪剂载体任一时刻的累积产量，一般可以用对应井间累积注水量替代。

由于速度与示踪剂高峰对应的累积体积流量成反比，因此，可以得到：

$$\frac{\overline{Q}_1}{\overline{Q}_2} = \frac{v_w}{v_1} = 1+\beta_1 \tag{5-93}$$

将迟滞系数的表达式 $\beta = \frac{KS_o}{1-S_o}$ 代入式(5-93)，得到：

$$\frac{\overline{Q}_1}{\overline{Q}_2} = 1 + \frac{KS_o}{1-S_o} \tag{5-94}$$

可以得到测定饱和度的表达式：

$$S_o = \frac{\overline{Q}_1 - \overline{Q}_2}{\overline{Q}_1 + (K-1)\overline{Q}_2} \tag{5-95}$$

当注水井同时注入两种示踪剂，一种是分配示踪剂，另一种是非分配示踪剂，而且两种示踪剂都已经产出的情况下，可以根据色谱理论确定剩余油饱和度。一般直接利用对应界标处的时间来计算剩余油饱和度：

$$S_o = \frac{t_1 - t_w}{t_1 + (K-1)t_w} \tag{5-96}$$

界标的确定可以是对应的突破时间，也可以是对应峰值时间，还可以是其他对应的界标。

2. 对应井间示踪剂通道饱和度分布的确定

在得到井间平均含油饱和度的前提下，确定井间平均含水饱和度：

$$S_w = 1 - S_o \tag{5-97}$$

根据贝克莱—列维尔特非活塞式驱油理论，得到平均含水饱和度与出口端含水饱和度的关系式：

$$S_w = S_{w2} + \frac{\int_0^t Q \mathrm{d}t}{L\phi\overline{A}}[1 - f_w(S_{w2})] \tag{5-98}$$

式中　S_{w2}——出口端含水饱和度；

$f(S_{w2})$——出口端含水率；

$\int_0^t Q\mathrm{d}t$——一维累积注水量；

L——注采井间流线长度；

$\overline{A}$——注采井间流线平均截面积。

又因为：

$$\frac{\int_0^t Q\mathrm{d}t}{L\phi\overline{A}} = \frac{1}{f'_w(S_{w2})} \tag{5-99}$$

所以，

$$S_w = S_{w2} + \frac{1}{f'_w(S_{w2})}[1 - f_w(S_{w2})] \tag{5-100}$$

采用试算的方法，得到出口端含水饱和度 S_{w2}。

在流线上，距离注水井任一点 X 处的含水饱和度为 S_w，则有：

$$X = \frac{f'_w(S_w)}{\phi\overline{A}}\int_0^t Q\mathrm{d}t \tag{5-101}$$

即：

$$X = f'_w(S_w)L\frac{\int_0^t Q\mathrm{d}t}{L\phi\bar{A}} = \frac{f'_w(S_w)L}{f'_w(S_{w2})} \tag{5-102}$$

$$f'_w(S_w) = \frac{X}{L}f'_w(S_{w2}) \tag{5-103}$$

根据相渗曲线，采用搜索方法，即可得到 X 对应的含水饱和度数值。逐条流线计算，得到井间含油饱和度数值。

第六章 新型示踪样品检测仪 ICP-MS

微量物质示踪剂是经筛选合成地层中没有或含量极少的微量物质，无高温转化，无放射性污染，稳定性好，运输、存储方便，用量少，监测精度高，对地层及原油无污染，这就克服了化学及放射性同位素示踪剂的不足。同时，微量物质示踪剂适用范围非常广泛，特别适合于特殊地层，如裂缝、大孔道及层间小层，正好满足外围油田用示踪剂监测裂缝的需求。目前已合成多种微量物质示踪剂（约17种），适合分层测试，特别是了解层间小层连通情况。

化学示踪剂需要施工队伍作业泵入；放射性同位素示踪剂投放时由于涉及环保问题，需持证专业人员操作，用专门的投放装置投入；微量物质示踪剂不需要施工队伍，只需井口直接投放，不影响正常生产。微量物质示踪相比其他类型示踪剂具有如下优势：

（1）注入环节：由于放射性物质的特殊性，当暴露于空气中时，氚水易于挥发，进入周围环境和人体，造成短期内自然和人体本底很高，操作不当可能存在超出安全标准情况。微量物质示踪剂不存在这个问题。

（2）测试环节：由于地层存在各种可能的情况，当大孔道或者裂缝发育时，导致产出液中浓度超标，可能存在运输、存放、测样过程中对环境、人体的二次污染。微量物质不存在这个问题。

（3）地层滞留问题：由于示踪剂的回采率一般不是特别高，在地下形成滞留。滞留的放射性示踪剂可能存在对环境、人体的潜在危害。微量物质不存在这个问题。

（4）作用时间：部分放射性元素衰变周期很长，可能达到十年以上，因此，可能存在长期潜在危害的可能。微量物质不存在这个问题。

（5）对人体影响：氚水对人体危害较小，生物半衰期15天左右，而微量物质对人体无害。

（6）毒性分类：按照国内毒性分类标准，氚水毒性为Ⅳ级，而示踪用微量物质毒性分类为0级，毒性明显小。

放射性示踪剂受到环保系统、公安系统、卫生系统要求和限制，必须满足GB 18871—2002标准等，从这个方面来讲，微量元素示踪剂接近"绿色"示踪剂的要求。

与以往使用的示踪分析相比，一般化学分析只能达到 10^{-6} 级别，而微量物质分析采用高灵敏度示踪样品分析仪，通常采用 ICP MS 仪器检测，因为 ICP MS 与其他仪器相比，具有明显的优势，如表 6-1 所示。

表 6-1 ICP-MS，ICP-AES，GFAAS 的简单比较

仪器	ICP-MS	ICP-AES	火焰 AAS	石墨炉 AAS
检出限	大部分元素非常杰出	大部分元素很好	部分元素较好	部分元素非常杰出
样品分析能力	每个样品的所有元素 2~6 分钟	每分钟每个样品的 5~30 个元素	每个样品每个元素 15 秒	每个样品每个元素 4 分钟
最低检测限	ppq(10^{-15})	ppb(10^{-9})	ppm(10^{-6})	ppm(10^{-6})
精密度	使用内标可改善精密度			
短期	1%~3%	0.3%~2%	0.1%~1%	1%~5%
长期	<5%	<3%		
固体溶解量	0.1%~0.4%	2%~25%	0.5%~3%	>20%
可测元素数	>75	>73	>68	>50
样品数量	少	多	很多	很少
半定量分析	能	能	不能	不能
同位素分析	能	不能	不能	不能
日常操作	容易	容易	容易	容易
方法试验开发	需要专业技术	需专业技术	容易	需专业技术
无人控制操作	能	能	不能	能
易燃气体	无	无	有	无

微量物质示踪样品分析仪器为 ICP MS，其全称是电感耦合等离子体质谱（Inductively Coupled Plasma Mass Spectrometry），它是一种将 ICP 技术和质谱结合在一起的分析仪器。ICP MS 是 20 世纪 80 年代初由美国、加拿大和英国等国的科学家研发的新型离子型质谱分析仪器，可直接提供相对原子质量在 3~260amu 范围内的每一个原子的质量单位，主要用于一个复杂样品中多种微量及痕量元素定性、定量测试，是一种可直接分析元素周期表中所有金属元素和大部分非金属元素含量及形态分布的快捷测试手段；同时，能快速测试多种非放射性同位素的比值；应用于各种未知样品中常量及痕量元素的同步分析且操作简单、快速。

ICP 利用在电感线圈上施加的强大功率的高频射频信号在线圈内部形成高温等离子体，并通过气体的推动，保证了等离子体的平衡和持续电离，在 ICP MS 中，ICP 起到离子源的作用，高温的等离子体使大多数样品中的元素都电离出一

个电子而形成了一价正离子。质谱是一个质量筛选和分析器,通过选择不同质荷比(m/z)的离子通过,来检测某个离子的强度,进而分析计算出某种元素的强度。

ICP MS 具有更宽的工作范围和最低检出限(可达 ppq 级,大部分溶液检出限为 ppt 级),如图 6-1 和表 6-2 所示,为一种极理想的多功能检测仪器,广泛应用于环境、生物医学、食品以及石油、化工等行业,其应用领域在石油勘探开发中不断拓宽。

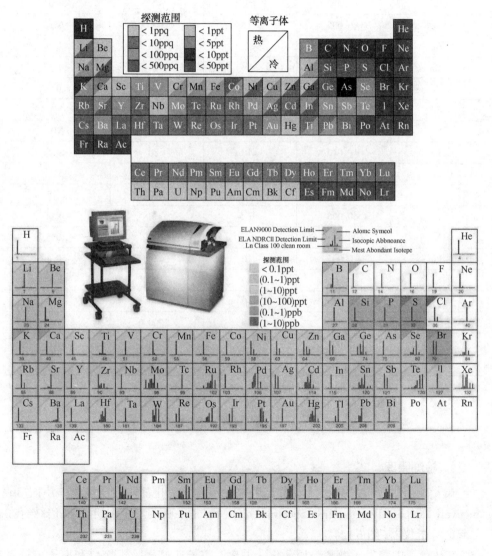

图 6-1　利用 ICP MS 的微量元素检测限

表 6-2　检出限比较表　　　　　　　　　　　μg/L

元素	ICP-MS	ICP-AES	Flame AAS	GFAAS
As	<0.050	<10	<500	<1
Al	<0.010	<4	<50	<0.5
Ba	<0.005	<0.2	<50	<1.5
Be	<0.050	<0.2	<5	<0.05
Bi	<0.005	<10	<100	<1
Cd	<0.010	<1	<5	<0.03
Ce	<0.005	<15	<200000	ND
Co	<0.005	<2	<10	<0.5
Cr	<0.005	<3	<10	<0.15
Cu	<0.010	<2	<5	<0.5
Gd	<0.005	<5	<4000	ND
Ho	<0.005	<2	<80	ND
In	<0.010	<10	<80	<0.5
La	<0.005	<1	<4000	ND
Li	<0.020	<1	<5	<0.5
Mn	<0.005	<0.5	<5	<0.06
Ni	<0.005	<2	<20	<0.5
Pb	<0.005	<10	<20	<0.5
Se	<0.10	<10	<1000	<1.0
Ti	<0.010	<10	<40	<1.5
U	<0.010	<20	<100000	ND
Y	<0.005	<0.5	<500	ND
Zn	<0.02	<0.5	<2	<0.01

第一节　ICP-MS 检测原理

1. 检测原理

微量物质示踪样品分析仪器为 ICP MS, 其全称是电感耦合等离子体质谱(Inductively Coupled Plasma Mass Spectrometry), 它是一种将 ICP 技术和质谱结合在一起的分析仪器(图 6-2)。

ICP 通道中蒸发、解离、原子化、电离, 离子通过样品锥接口和离子传输系统进入高真空的 MS 部分。MS 部分为四极快速扫描质谱仪, 通过高速顺序扫分离测定所有离子，扫描元素质量数范围从6到260，浓度线性动态范围达9个数量级，从 ppq 到 ppm 直接测定。ICP 利用在电感线圈上施加的强大功率的高频射频信号在线圈内部形成高温等离子体，并通过气体的推动，保证了等离子体的平衡和持续电离，在 ICP MS 中，ICP 起到离子源的作用，高温的等离子体使大多数样品

图 6-2　ICP—MS 外观示意图

中的元素都电离出一个电子而形成了一价正离子。质谱是一个质量筛选和分析器，通过选择不同质荷比(m/z)的离子通过，来检测某个离子的强度，进而分析计算出某种元素的强度。

ICP MS 在长期的发展中，人们不断地将新技术应用于 ICP MS 设计中，形成了各类 ICP MS。ICP MS 主要分为：四极杆 ICP MS，高分辨 ICP MS（磁质谱），ICP tof MS 等。

ICP MS 是一种灵敏度非常高的元素分析仪器，可以测量溶液或者固体中含量在 ppb 甚至 ppt 级的微量元素。广泛应用于半导体、地质、环境以及生物制药等行业中，其性能之高为井间示踪技术的发展和应用提供了有力的支持。

国外生产 ICP MS 仪器的厂家主要包括：美国热电集团公司、Perkin Elmer 股份有限公司、HP 公司。

2. ICP MS 仪器结构和关键分析方法

1）仪器结构

ICP-MS 等离子体质谱仪可分为以下几部分：①进样系统；②等离子体炬和高频发生器；③气体控制部分；④锥口；⑤离子透镜；⑥四极杆；⑦检测器；⑧真空系统；⑨附件如碰撞反应池技术，等离子炬屏蔽装置的高灵敏度工作模式等。

进样系统，样品以溶液进入仪器，通过雾化器雾化室，样品溶液变成气溶胶，这过程与 F AAS 火焰原子吸收一样。

利用一根石英管子，内部源源不断提供氩气，外部套着高频线圈提供能量，在高压点火激发下，氩气变成氩亚稳态离子和电子，形成正负离子相等的等离子体高温炬焰。在其中心引入样品气溶胶，在高温下样品被电离，形成可被质谱分析利用的离子，故等离子体只是离子源。

大量气体的等离子体炬焰，加上高温，而质谱仪需要高真空才有利于离子飞行，所以设计了锥口，通过一个小孔，把大量中性分子和热量给排除了。锥口分二种，采样锥在外面，截取锥在里面，两个为一套，是消耗品。因为它们在高温和腐蚀性化学试剂的环境里面工作（图 6-3）。

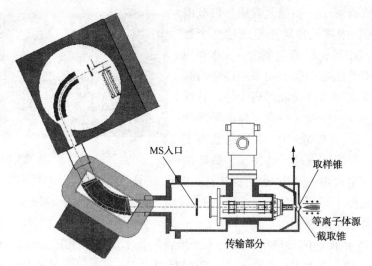

图 6-3 ICP-MS 仪器结构示意图

离子透镜与光学透镜相似，把离子聚焦。

四极杆利用交直流电场把不同质荷比的离子区分开来，让要分析的离子在某一单位时间里通过，也就是金银铜铁锡按顺序通过，检测器按次检出信号。

检测器像光电管一样，离子撞击它上面的电极会产生信号。

真空系统是辅助系统，采用分子涡轮泵和机械泵的组合。

碰撞反应池技术是近几年的最新技术，用来排出多原子离子的干扰，如质量数 56ArO 对 56Fe 的干扰，75ArCl 对 75As 的干扰，52ArC 对 52Cr 的干扰，进一步开拓 ICP-MS 的应用范围。改善分析结果的准确性。

2) ICP-MS 关键分析方法

(1) 需要把固体样品转化成溶液样品，利用酸进行分解消化。

(2) 溶液样品通过雾化变成气体溶胶进入等离子体炬中心，样品在高温区，完成干燥，脱结晶水，蒸发，分子团被打碎，破裂成原子团，再到原子，再次激发成离子，故绝大部分元素存在状态是一价的离子状态。

(3) 质谱仪分析一价的离子状态的元素，其元素含量与它的同位素信号强度成正比。每种元素的各个同位素信号强度都与其元素含量成正比，同位素相当于光谱中一种元素的各种谱线。

(4) 因为四极杆质谱对无机元素只要能区分 1 个原子质量单位即可，大部分元素的同位素谱线不受到其他元素的干扰。但等离子体炬内会形成多原子离子的，特别是 Ar 基的多原子离子，它们会重叠在其他分析物的位置上，故会影响分析结果。早期采用数学校正公式来校正，中期采用冷焰来降低 Ar 基多原子离子的干扰(因为炬温低了，Ar 基就少了)近几年来发展的最新技术是碰撞反应池技术。在真空室里加入很少碰撞反应气体，利用碰撞反应使干扰离子移动其质量数位置，减少干扰。

3）ICP MS 仪器的各种安装条件

（1）气源，主要是氩气，可以是普通钢瓶气体，也可以用大的液氩（可以用 15~20 天）。

（2）电源，220V 即可，要加稳压电源，15kV·A，单相，计算机电源可以分开。

（3）排风，仪器上有热量和废气排出，需要外界排风装置，类似于 AAS、ICP 光谱。

（4）循环冷却水系统，等离子体炬，高频发生器，锥口，半导体制冷雾化室等地方需要水冷却；仪器标准配置包括该系统。

（5）专用地线，用于仪器接地屏蔽，因为仪器上有高频发生器，需要专用地线。

（6）碰撞反应池气体，常常使用混合气体，可以同时对付各种干扰，用量很少，一小瓶可以用几个月以上。

（7）分析实验室的要求与分析样品中的分析物种类和含量多少有关，一般环境样品对环境要求不高，因为环境中存在的易沾污元素在环境样品中本身就高，故不影响分析。

4）ICP MS 仪器分析技术特点

ICP MS 属于四极杆质谱分析，按同位素质荷比区分，具有以下特征：

（1）分析速度快，是多元素分析手段之一，一个样品几十种元素，重复分析 2~3 次，包括进样延迟时间总共需 2~3min。

（2）分析元素面广，可分析元素可达 85 种左右，适合于地质样品的调查勘探分析，分析元素面广而迅速。

（3）分析元素的含量可从痕量到常量，样品溶液含量可以从 ppt 到 ppm，仪器检出限可达 ppt 以下。

（4）谱线简单，因为无机质谱从低质量数 H 到高质量数 U 总共才二百多条谱线。稀土元素分析方便，而光谱总共要百万条谱线。

（5）ICP MS 由于是质谱仪，故可以获得同位素信息，可用于同位素比值分析，和同位素稀释分析。

（6）ICP MS 由于灵敏，可以与色谱联用，用于元素化学形态分析，因为有害元素含量低，然后把它分离成十几种不同形态的成分，信号更弱，故只能靠更高灵敏度的仪器作为检测器。

（7）ICP MS 属于连续进样的分析仪器，每分钟以几百毫升到 1L 流量进样。消耗样品少。

第二节 地下水分析方法

油田地下水须考虑到含油和有机物。ICP MS 测试方法为水溶液引入为主，故油田地下水样品需要消解后分析。

1. 样品处理

（1）参考 1994 年试行的水和废水分析方法《环境监测 017》，参看其他国际环境地表水、地下水、土壤抽提物的分析标准。

（2）美国 EPA 200.8 的 ICP MS 分析标准方法。

（3）美国 EPA 6020 的 ICP MS 分析标准。

（4）ISO 17294 标准方法 ICP MS 水质分析 61 种元素。

（5）EPA 200.2 和 EPA 3050 方法《MICROWAVE ASSITED ACID DIGESTION OF SEDIMENTS SLUDGES COILS AND OIL》。

（6）ISO 15587 方法中的王水电热板消解方法。

（7）ISO 15587 方法中的微波消解系统方法。

2. ICPMS 常规分析方法

（1）一般元素分析方法参考 EPA 标准 6020，EPA 200.8 标准中规定的分析项目采用相同的同位素谱线和相关的干扰校正方式。

（2）国际标准中没有的分析项目，如稀土和其他重金属元素，选用相关的谱线分析，并根据具体样品设定干扰校正。

（3）油田地下水样中由于含有较多的有机物，即使消解后，仍容易受到碳的干扰，对付这种特殊的易受干扰的元素分析项目，需要采用碰撞反应池技术，如 Cr 受到 ArC 的干扰，采用 NH_3/He 的混合气体来解决，其他受干扰的常规过渡元素采用 H_2/He 混合气体来解决干扰。

（4）整体批量样品的 QC 处理。

① 采用样品中不含的稀有元素为内标，控制仪器漂移，降低样品基体变化引起的不同基体干扰（如可溶性固体总量变化，有机物含量变化引起的雾化效率变化等）。

② 批量样品之间采用标准溶液核对校正，采用国家标准物核对校正，严格按 EPA 的 QC 要求，可设定偏差值在±20%之内，内标元素控制回收值在 70%～130%之间。

③ 油田样品地下水分析采用特殊的同位素比值分析方法用于示踪元素分析。

④ 不同地区的某些元素的各种同位素丰度会有所变化，或因为水源中加入某种富集的同位素元素，ICP MS 采集该元素的两种或两种以上的同位素信号，得出比值数据，从中可以获得比值变化信息，了解示踪元素去向。ICP MS 测同

位素比值不受其含量的变化。

⑤ 油田地下水中的元素的形态和物态分析。

与土壤和矿物的物态分析一样，可采用不同的试剂抽提样品，得到不同的物态元素的含量分布信息。ICP MS 和色谱联用可以分析水中不同元素的价态和化学形态。色谱把各种化学形态区分开，ICP MS 相当于色谱中的灵敏的检测器从而检测出信号。

第七章 井间示踪测试解释软件简介

第一节 概 述

井间示踪测试解释软件的基础是基于半解析方法上研制形成的一套综合解释方法。

国内真正意义上的半解析示踪测试解释技术源于20世纪90年代中国石油天然气集团公司的支持研发的。

在国内外研究的基础上，基于当时的技术积累，开展了解释方法和解释技术的研究，经反复的理论研究、矿场实践，融合大港、辽河、大庆多位专家的指导和帮助，形成了解释技术、解释方法和应用软件的雏形。

1997年后，与大港油田、辽河油田、国际示踪测试专家等合作，逐步完善相关的理论、方法和技术，形成了半解析方法解释体系，形成的软件开始在现场应用。

到2000年，示踪解释方法和理论不断完善，逐渐为现场所认可，并为现场示踪测试提供了具有一定精度的实用工具。

从2000年开始，随着解释技术应用的逐步扩大，示踪测试及其解释技术的优点逐步显露，具有其他测试方法目前无法替代的优势。

在几年的合作、发展过程中，一方面完善理论体系，提出了与数值模拟等相结合的综合解释技术，从实践上开始忽视原先理论体系中不能反映现场实际的部分，例如双示踪剂方法等；另一方面，解释软件在油田现场、技术服务公司内得到了认可和较为广泛的应用，解释成果显示了该方法突出的特点和优点。

截至目前，在油田以及相关行业不断努力下，示踪解释技术已经成为解决井间评价问题、三采决策支持、优化高效注水、实施井间调控、调剖堵水、辅助油藏描述、评价注采工艺以及其他针对油藏认识方面特殊问题的有效方法，得到了普遍的重视和应用，作为极少数能够直接、定量反映井间问题的重要技术凸现出来。

测试解释技术正是在这种情况下发展、完善起来的。与北美、挪威等示踪测试技术对比，国内样品测试技术与国外接近，解释技术要更为领先。

第二节 综合解释软件简介

1. 示踪综合解释软件功能

软件包括两部分，一部分为示踪剂解释系统，另一部分为综合解释系统，运行于 Win 95/Win 98/Win 2000/Win XP 视窗环境下，为一套一体化的软件；主要功能是整体完成区块或者井组的示踪剂测试解释以及动态解释工作，确定有关井间连通性和剩余油饱和度分布的定量的指标，根据现场要求，可以制定出后期有关调整方案。

利用编写的 IWTT(井间示踪)系统进行解释，根据示踪剂测试结果和解释结果可以得到相关的动态参数，包括对应井间注入水的运移速度、注入流线、采出流线、压力分布、流量分布及分配、高渗通道的厚度、渗透率、饱和度、孔喉半径、波及面积、波及体积、波及系数、回采率、非均质评价、裂缝宽度、裂缝其他参数(如果存在裂缝)等。

利用编写的综合解释系统解决剩余油分布问题，得到有关参数统计以及分布指标，包括非均质评价数据、原始储量统计、可采储量分级统计、目前剩余油饱和度分布、剩余储量丰度统计、水淹统计等，各个指标配有相应的图形分析工具(包括黑白等值线图、彩色等值线图、填充图、灰度图)等。

整体完成区块或者井组的示踪剂测试综合解释工作，给出有关井间连通性和剩余油饱和度的定量指标。

2. 示踪综合解释软件特点

(1) 克服了单纯示踪剂解析软件和数值软件的缺点，包括解析软件的解释定量差、人为处理参数过多、无法处理多井问题和多层问题等，以及数值软件过于烦琐、工作量大、计算周期长、数值模型不过关、解释参数的可靠性差等。

(2) 基于半解析方法的概念，设计完成的半解析组合软件融合多层、多井、井间的注采分析、井筒剖面分析、物质平衡计算、模糊判断、计算机自动拟合于一体，可以轻松整体完成区块示踪剂测试解释。

(3) 将示踪剂测试解释与综合动态分析相结合，形成一套综合解释方法体系，同时确定井间连通性和剩余油饱和度分布等。

(4) 提供的工具和解释结果对于明确井间和层间注采对应关系、确定动态调整方向、定量评价高渗通道作用、指导后期调整等具有较好的指导意义。

(5) 建模过程中，考虑了油田地质特征的适用性，主要包括：

① 考虑油藏的厚度变化、层多的特点。从软件参数的处理、稳定性、与其他数据的接口以及显示等方面着手，可以实现多层油藏的建模、计算、拟合、显示等；从测试结果的解释处理过程中，应用模糊判断方法实现纵向示踪剂突进单元参数解释。

② 考虑油田渗透率范围变化的特点。进行低渗油田参数场计算的困难之一是核心算法容易发散，导致计算失败，在此改进了相应的算法，未发现不收敛的情况。

③ 考虑油田局部双重介质、孔道发育的特征。一方面，油田具有常规砂岩的特征；另一方面，局部具有双重介质或者孔道发育的特征，甚至发育有裂缝，因此，模型在拟合产出曲线的过程中，可以自动处理和较好体现砂岩与裂缝的渗流特征，主要归功于流线模型的选择。

④ 考虑了分注、分层测试的问题。油田目前分注较多，因此监测很可能是针对某段进行，在此模型中考虑了这种特殊的情况。

⑤ 考虑吸水产液剖面等测试资料的利用和对解释结果的校正。在此基础上，软件的其他优势依然保留，因此功能较为强大，解释参数较为准确。

⑥ 鉴于油田地质特征、数据基础差别较大，考虑解释途径多样化，可以根据实际情况选择。当地质特征不明了或者数据极不完整的情况下，可以选择较为简单的解释途径；当地质特征描述详细，数据较为全面的情况下，可以选择较为复杂的解释途径。

3. 示踪综合解释基础资料

（1）原始地质参数（必需）：测试井及附近相关井的垂向地质分层情况（地质研究报告）；各层的原始渗透率、厚度、含油饱和度、孔隙度（测井解释成果）。

（2）岩石及原油物性资料（必需）：密度等物性参数、相渗曲线、压缩系数、体积系数、黏度。

（3）动态资料（必需）：测试期间各井的平均注采量；含水率、压力水平、射孔资料。

（4）辅助资料（可选）：各井在测试层累积产油、产水情况（必需）；吸水产液剖面资料（包括吸水产液百分比、峰值大小和吸水、产液厚度）。

（5）井史资料（可选，但是如果主要目的为了解决剩余油分布时为必需）：各个时间段内各井的平均注水及产油产液情况、平均压力水平、射孔历史。

（6）示踪剂注入及测试参数（必需）：注入层段，注入示踪剂量、注入时间、测试时间与各种示踪剂的浓度响应。

4. 示踪综合解释成果形式

（1）确定各小层注水、采液流线场。

（2）确定各井示踪剂回采率。

（3）拟合曲线及其对比情况。

（4）确定注水推进方向，注水推进速度。

（5）确定监测期间产出示踪剂波及面积。

（6）确定监测期间产出示踪剂波及体积。

(7) 确定监测期间产出示踪剂层内波及系数。
(8) 通过产出曲线拟合，计算示踪剂突破时监测井组的压力场分布。
(9) 分析见剂异常情况。
(10) 确定注水突破的油层组及数量。
(11) 确定对应井间高渗通道的厚度。
(12) 确定对应井间高渗通道的渗透率。
(13) 确定对应井间高渗通道的折算平均孔喉半径。
(14) 确定对应井间高渗通道的折算裂缝宽度。
(15) 确定对应井间回采水率。
(16) 结合示踪监测资料对平面上及纵向上的油层非均质性进行描述。
(17) 通过综合解释，确定监测井组及区块的剩余油饱和度及其分布。
(18) 其他中间结果，例如各种地质模型图件。

5. 井间示踪综合解释应用范围

就油藏类型而言，从普通稠油油藏到稀油油藏，从砂岩油藏到砾岩油藏，从低渗油藏到高渗油藏；就开发阶段而言，有开发早期，也有开发中期，更多则是开发中后期；从监测对象来看，包括裂缝、大孔道、水淹通道、高渗层、边水等。

由于油藏所处开发阶段不同，地质特征不同，驱替过程不同，解决的问题也不同，下面以井间示踪测试针对的问题进行归类分析。

1) 三次采油决策及评价

其基本原理是利用示踪监测确定注入药剂的驱替方向、速度、利用率，结合矿场试验效果，推断油藏作用机理，评价三次采油的适用性，总结开发规律；通过分层测试，结合产液吸水测试结果，评价油藏动用规律；通过不同驱替阶段井间示踪对比分析，评价不同阶段动用特征，形成后期决策依据。

2) 调剖堵水决策及评价

该过程包括两个环节：调剖堵水前，通过示踪监测，了解井间渗流介质的非均质特征和发育特征，明确注入水的利用率和循环方向，为调剖用剂筛选、用量设计、段塞确定、工作制度调整提供直接的参考依据；调剖堵水后，评价调堵效果，发现调堵中存在的问题，确定调堵后油藏动态特征。

3) 井间特殊渗流通道监测

一类是沉积过程中形成的裂缝、微裂缝、高渗界面、局部河道砂等特殊渗流通道；另外一类为长期注水开发过程中形成的大孔道以及高渗条带等特殊通道。通过井间示踪产出特征定性和定量分析，评价特殊渗流通道的类型、参数大小、对开发的影响等。

4) 井间水淹情况监测

在储层沉积发育复杂或长期注水开发情况下，后期剩余油分布更加复杂，此时，通过井间示踪技术，一方面可以确定强水洗或者水淹的方向和程度；另外一方面，在某些情况下，可以采用双示踪剂方法确定其剩余油饱和度相对大小。

5）注水利用率监测

在开发的后期，由于普遍高含水，难以判断井组的注水利用率。通过井间示踪技术，可以定量确定井间无效循环水的方向、比例，提高措施的针对性。

6）汽窜及边水指进等特征监测。

在蒸汽吞吐以及蒸汽驱油藏中，汽窜是造成稠油油藏中后期开发效果变差的决定性因素，通过井间示踪技术，一方面可以发现早期的汽窜，另一方面可以定量确定汽窜的大小和控制程度。

7）井间连通性和断层密闭性监测等

其他的部分能够完成的监测解释范围包括：多向受效问题、层间或者管外窜问题、断层处不同层系水窜问题、沿断层平面水窜问题、压裂等措施效果评价问题、确定层间动用差异、储层非均质评价问题、确定产出水源问题、井组注采平衡问题、双重介质特征监测问题、日常驱油动态监测问题、开发矛盾监测问题等。

第三节 综合解释软件总体结构

综合解释软件主要包括参数输入系统、数值计算系统、开发分析系统、测试解释系统（图 7-1）。

参数输入系统完成当前目录下数据管理、控制参数、静态参数、离散点参数、储层特征参数、动态参数、PVT 参数、沉积相参数输入等功能。

数值计算系统是软件的核心计算部分之一，主要完成数据检错、数值地质模型建立、数值地质模型修正、生产数据离散、数值模拟计算等功能。

开发分析系统完成实际数据与模拟数据的准备、对比、图示、统计以及指标计算等功能。

示踪测试解释系统完成示踪剂资料的解释工作，考虑多层、多相、其他井以及边界等的综合影响，即能够将纳入模拟范围内的因素都统一加以考虑，可以同时完成多井多示踪剂的解释、输出工作。

第四节 示踪测试综合解释软件功能实现

示踪测试综合解释软件包括两部分，另一部分为示踪剂解释系统，另一部分为综合解释系统，为一套一体化的软件，主要整体完成区块或者井组的示踪剂测试解释以及动态解释工作，确定有关井间连通性和剩余油饱和度分布的定量的指标，根据现场要求，可以制定出后期有关调整方案。

第七章 井间示踪测试解释软件简介

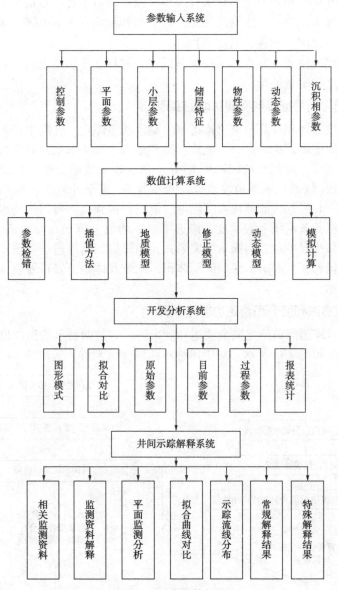

图 7-1 程序整体框架

利用井间示踪系统进行解释,根据示踪剂测试结果和解释结果可以得到相关的动态参数,包括对应井间注入水的运移速度、注入流线、采出流线、压力分布、流量分布及分配、高渗通道的厚度、渗透率、饱和度、孔喉半径、波及面积、波及体积、波及系数、回采率、非均质评价、裂缝宽度、裂缝其他参数(如果存在裂缝)等。

利用综合解释系统解决剩余油分布问题,得到有关参数统计以及分布指标,包括非均质评价数据、原始储量统计、可采储量分级统计、目前剩余油饱和度分布、剩余储量丰度统计、水淹统计等，各个指标配有相应的图形分析工具（包括等值线图、填充图、图像、灰度图）等。

整体完成区块或者井组的示踪剂测试综合解释工作，给出有关井间连通性和剩余油饱和度的定量的指标。

1. 井间见剂特征参数反演功能的实现

示踪剂波及体积、高渗通道渗透率、高渗通道厚度、孔喉半径等的确定方法如下：根据前面的理论研究，以地质模型和动态参数为基础，利用数值方法，参考吸水产液剖面，得到流场（流线）的分布，以各条流线为单元，调整不同流线上的地层参数（包括高渗通道厚度、渗透率等），直至计算曲线与实际产出曲线拟合好为止，此时认为能够代表实际地层情况，得到高渗通道渗透率、高渗通道厚度，然后将各条流线上的厚度、渗透率取平均值，得到高渗通道的输出参数，利用渗透率和孔喉半径之间简单的关系式，折算得到高渗通道孔喉半径，将各条高渗流线体积求和，即为示踪剂波及体积，此波及体积为岩石外表体积。流程图如图7-2所示。

2. 剩余油饱和度分布确定功能的实现

对于双示踪剂测试确定剩余油饱和度来讲，通过两种示踪剂产出曲线的拟合完成。流程图如图7-3所示。对于单种示踪剂测试来讲，采用如下的方式：

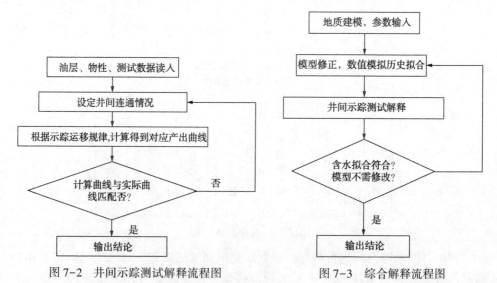

图7-2　井间示踪测试解释流程图　　图7-3　综合解释流程图

第一步：地质建模，完成初步的数值模拟计算，得到剩余油参考分布。
第二步：进行示踪测试资料分析，得到对应井间特征渗流参数。
第三步：按前面论述的理论和方法，回到"数值计算系统"，修改地质模型。
第四步：完成数值模拟调试，得到最终的剩余油分布结果。

3. 示踪测试自动拟合功能的实现

1）井间按照多个高渗通道（层）进行拟合

首先，确定一个较为合理的井间高渗层数目，一般来讲，确定的高渗层数目根据示踪剂产出曲线的形状确定，以保证在拟合的过程中不会漏掉某个自然层中的高渗层，然后按照一定的规则确定各个自然层可能包含的高渗层数目（在此过程中利用剖面资料），然后在辅助资料、输入参数或者浓度产出曲线信息确定的参数中值基础上，根据参数可能的分布或者组合规律，分别产生参数正态分布和平均分布的方案，即建立了一个可能的地质模型，然后依据该方案计算井筒产出浓度，与实际产出浓度做对比。

2）结果中自动识别去掉无效的高渗通道

由于部分模拟单元，在整个测试时间内可能没有示踪剂产出贡献，因此需要在拟合完成后，检验除去这类无效层。

3）拟合方法采用大系统优化方法

由于在整个拟合过程中，需要拟合较多的参数，一般的优化方法很难完成，因此采用大系统优化方法；基本的过程如下：

首先确定某个方案中各个参数的数值：

$$C_i = (Cu_i - Cd_i) \times Ran(1) \quad i = 1, 2, \cdots\cdots$$

式中　C_i——参数值；

　　　Cu_i——参数最大值；

　　　Cd_i——参数最小值；

　$Ran(1)$——服从正态分布的随机序列产生函数。

根据产生的参数序列（即方案）确定产出浓度。然后把随机序列产生函数转换为服从平均分布的随机序列产生函数，根据产生的参数值计算产出浓度。循环上面两步到足够的数目，根据目标函数确定其最小时对应的参数分布。缩小参数的上下限，依次重复上面三步，得到目标函数最小时的参数分布。

第八章 井间示踪测试综合解释应用

第一节 微量元素井间示踪测试应用

1. 概况

1) 地质和开发概况

某区一断块的构造形态为一个受 SJZ9 号断层所制约，被 15 号、16 号断层所切割的鼻状构造。鼻状构造顶部缓、翼部陡，向西北倾没明显。SJZ9 号断层是一条长期活动的断层，产生于中生界末期，结束于明化镇早期。断层走向北东东，断距 70~100m，断面北倾，倾角 55°~65°。该断层控制了明化镇组地层沉积，并对油气的聚集起控制作用。明化镇—馆陶组平均孔隙度 34.01%，平均渗透率 $2348\times10^{-3}\mu m^2$，平均泥质含量 18.24%；层内夹层数较多，层间矛盾突出，储层平面变化大；地面原油密度 $0.9326g/cm^3$，地面原油黏度 $191.1mPa\cdot s$，凝固点 $-15\sim21℃$，含蜡量 9.0%，含硫量 0.1513%，沥青+胶质含量 20.51%，地层水矿化度 8489mg/L，水型为 $NaHCO_3$。

该断块原始地层压力为 10.36MPa，饱和压力 0.57MPa，地层温度 51.9℃。该断块于 1965 年 4 月投入开发，1973 年 3 月开始注水。X36-10-3 井组于 2002 年 8 月转注。

2) 监测目的

为了深入了解地层水驱条件下油藏非均质矛盾、动态特征以及注水利用率，进行了微量元素井间示踪测试，以期达到以下目的：

(1) 在目前井网井距条件下，井间高渗通道存在与否及其发育状况。

(2) 采用分层测试方式，分层段注入不同类型示踪剂，研究不同油组层间、平面非均质状况。

(3) 在目前井网及开采条件下，监测层段纵向及平面注水的驱替突进方向、突进速度、突进比例。

(4) 研究在目前井网及开采条件下，监测期间产出示踪剂的波及体积。

(5) 研究目前井网及开采条件下，不同层段注入示踪剂的回采率，确定对应层段的注水利用率。

(6) 通过理论结果与实际示踪监测结果对比，反演突进通道储层渗流特征参数并计算剩余油分布。

3) 示踪监测井组的选择

本次监测目的油层为NmⅡ组砂体，为了达到示踪监测的目的，监测井组的选取依据以下原则：

(1) 所选井组油层性质、水驱特征在该试验区有代表性。

(2) 所选井要能够满足研究内容的需要，要具备分段注入不同示踪剂的隔层条件。

(3) 油水井生产状况良好。

依据以上原则，选择X36-10-3井组实施分层测试。根据监测目的和研究内容，确定取样井6口：X35-79井、X35-9-1井、X36-9-1井、X38-9-2井、X36-10-2井、X37-9-1井；后期根据一线取样井示踪显示情况确定二线取样井。

4) 监测井组注采概况

X36-10-3井测试前周围油井动态参数见表8-1。

表8-1　X36-10-3井组注采情况

井号	井别	日注水量/(t/d)	累注水量/t	日产液量/(t/d)	累积产液量/t	含水/%
X36-10-3	注水井	75	52597	—	—	—
X35-79	采油井	—	—	20.3	31779	95.1
X35-9-1	采油井	—	—	46.7	53020	92.1
X36-9-1	采油井	—	—	3.9	52327	89.3
X38-9-2	采油井	—	—	20.8	162799	92.3
X36-10-2	采油井	—	—	20.1	11042	87.6
X37-9-1	采油井	—	—	106.7	67109	93.4

X36-10-3井采用油、套分注一级二段的注水方式，其中油管日注水量50t/d，套管日注水量25t/d。注水井段见表8-2。

表8-2　X36-10-3井组分注情况

层号	射开井段/m	层位	射孔厚度/m	孔隙度/%	绝对渗透率/($10^{-3}\mu m^2$)	备注
6	842.0~846.0	NmⅡ2	5.5	37	172.9	套管注
12	1028.0~1032.0	NmⅡ8	4	33.85	122.4	油管注
13	1052.0~1057.8	NmⅡ8	5.8	33.11	108.4	油管注

X36-10-3井的一线受益井两口，为X36-10-2井、X38-9-2井，距离水井分别为138m和153m。其中，在NmⅡ8单元，X36-10-2井、X38-9-2井均为一线井，在NmⅡ2单元，仅X38-9-2井为一线井。

2. 示踪剂的注入与检测

1）示踪剂的选择及用量确定

通过对 X12-6-2 井组 5 口井的产出地层水及注入水样取样测试分析如表 8-3 所示，依据本底测试结果和示踪剂选择原则，确定的水驱示踪剂如表 8-4 所示。

表 8-3　X12—6—2 油水井水样本底分析测试表　　　　（μg/L）

检测编号	05Y172001	05Y172002	05Y172003	05Y172004	05Y172005	05Y172006	05Y172007	05Y172008	05Y172009	05Y172010
井号	X13-6		X13-6-2		X11-6-2		X11-6-2		X12-6-2	
日期	2005-8-10	2005-8-12	2005-8-10	2005-8-12	2005-8-10	2005-8-12	2005-8-10	2005-8-12	2005-8-10	2005-8-12
Li	122	127	104	115	106	111	117	131	129	132
Be	<0.01	<0.01	<0.01	<0.01	<0.01	<0.01	<0.01	<0.01	0.094	<0.01
Sc	10.4	5.56	2.89	1.84	<0.01	<0.01	<0.01	<0.01	<0.01	<0.01
Ti	19.6	17.9	13.6	21.4	36.3	44.8	34.6	42.8	27.1	29.7
V	6.94	9.47	7.37	7.77	8.83	10.8	10.8	11.0	9.92	10.1
Cr	19.0	18.5	21.3	23.5	19.7	12.7	23.0	23.9	21.8	19.0
Mn	229	236	199	213	407	387	86.9	109	94.4	84.1
Co	1.46	1.18	1.20	3.03	1.66	1.19	1.61	4.05	0.73	0.74
Ni	8.55	7.91	8.98	17.2	10.6	9.09	11.8	36.4	11.0	11.4
Cu	88.2	82.8	75.2	104	86.8	62.0	90.9	82.5	127	107
Zn	840	204	1201	314	176	142	191	204	240	179
Ga	0.11	0.11	0.12	0.16	0.10	0.10	0.04	0.04	0.12	0.05
Ge	15.5	15.3	16.2	15.8	11.7	13.8	19.0	18.9	10.4	9.12
As	4.49	2.27	2.65	3.69	2.08	3.21	1.33	3.68	4.33	4.20
Se	11.1	7.39	5.66	8.63	7.70	7.84	5.25	11.7	10.2	9.52
Rb	54.0	49.7	46.3	49.8	46.4	50.4	45.5	44.8	90.1	95.4
Sr	335	346	409	445	613	649	361	361	624	628
Y	0.24	0.24	1.31	1.62	0.10	0.10	0.21	0.26	0.16	0.18
Zr	0.87	0.92	0.96	0.98	0.46	0.44	0.47	0.73	10.6	13.0
Nb	0.31	0.19	0.15	0.15	0.08	0.06	0.06	0.03	0.03	0.05
Mo	3.75	6.61	2.03	3.65	14.0	7.86	0.44	1.98	3.21	5.30
Ag	0.23	0.16	0.13	0.13	0.10	0.05	0.06	0.06	0.11	0.13
Cd	0.45	0.2	0.24	0.27	0.46	0.20	0.25	0.24	0.26	0.22

续表

检测编号	05Y172001	05Y172002	05Y172003	05Y172004	05Y172005	05Y172006	05Y172007	05Y172008	05Y172009	05Y172010
井号	X13-6		X13-6-2		X11-6-2		X11-6-2		X12-6-2	
日期	2005-8-10	2005-8-12	2005-8-10	2005-8-12	2005-8-10	2005-8-12	2005-8-10	2005-8-12	2005-8-10	2005-8-12
In	<0.01	<0.01	<0.01	<0.01	0.01	<0.01	<0.01	<0.01	0.01	<0.01
Sb	0.33	0.4	0.36	0.93	0.48	0.38	0.41	1.15	0.50	0.36
Cs	0.39	0.29	0.38	0.35	0.29	0.33	0.39	0.40	1.20	1.28
Ba	882	892	893	881	1301	1510	938	851	1057	1028
La	0.25	0.51	0.29	0.37	0.12	0.12	0.10	0.15	0.12	0.29
Ce	0.42	0.72	0.44	0.64	0.12	0.16	0.13	0.23	0.17	0.27
Pr	0.08	0.08	0.07	0.08	0.02	0.02	0.02	0.02	0.01	0.02
Nd	0.59	0.30	0.29	0.22	<0.01	<0.01	<0.01	<0.01	<0.01	<0.01
Sm	0.05	0.04	0.07	0.11	0.02	<0.01	0.06	0.01	<0.01	<0.01
Eu	0.34	0.34	0.35	0.34	0.45	0.52	0.33	0.28	0.40	0.35
Gd	0.07	0.06	0.14	0.16	0.03	0.04	0.04	0.06	0.04	0.03
Tb	0.02	0.01	0.02	0.02	<0.01	<0.01	<0.01	<0.01	<0.01	<0.01
Dy	0.05	0.04	0.16	0.18	0.03	<0.01	0.03	0.04	0.02	0.03
Ho	0.01	0.01	0.04	0.05	<0.01	<0.01	0.01	<0.01	<0.01	<0.01
Er	0.03	0.02	0.12	0.16	0.01	0.01	0.01	0.02	0.01	0.01
Tm	0.01	<0.01	0.01	0.02	<0.01	<0.01	<0.01	<0.01	<0.01	<0.01
Yb	0.02	0.02	0.07	0.10	0.01	0.01	0.01	0.03	<0.01	0.02
Lu	0.01	<0.01	0.01	0.02	<0.01	<0.01	<0.01	<0.01	<0.01	<0.01
Hf	0.08	0.04	0.04	0.04	0.02	<0.01	0.01	0.01	0.08	0.09
Ta	0.03	0.04	0.06	0.02	0.05	0.01	0.03	<0.01	<0.01	<0.01
W	0.61	8.76	0.38	0.63	0.61	0.66	0.30	0.45	0.69	1.09
Tl	0.03	<0.01	<0.01	0.02	<0.01	<0.01	0.02	0.06	0.02	<0.01
Pb	12.5	7.66	6.40	10.60	6.68	7.13	7.11	9.06	8.18	7.75
Bi	<0.01	<0.01	<0.01	<0.01	<0.01	<0.01	<0.01	<0.01	<0.01	<0.01
Th	0.37	0.27	<0.01	<0.01	<0.01	0.62	<0.01	1.08	<0.01	<0.01
U	<0.01	<0.01	<0.01	<0.01	0.95	2.32	0.50	3.20	0.74	1.45

表 8-4 水驱示踪剂选择

监测井组	层段	示踪用剂
X36-10-3	NmⅡ2	镱(Yb)
	NmⅡ8	铒(Er)

根据确定示踪剂用量的原则，结合研究井组的有效孔隙度、含水饱和度的参数，最终设计出监测层示踪剂的加入量，如表8-5所示。

表8-5 示踪剂用量设计参数选取

测试井组	X36-10-3	
测试层段	NmⅡ2	NmⅡ8
示踪剂元素	Yb	Er
平均稀释半径/m	150	150
平均厚度/m	5.5	11
平均孔隙度/f	0.3	0.3
平均含水饱和度/f	0.6	0.6
保障系数	1000	600
最大稀释体积/m^3	69944	139887
MDL/(ng/mL)	0.10	0.15
有效物质比例/f	0.18	0.18
示踪剂设计用量/kg	40	70
井组范围内地层充分混合后浓度/(ng/mL)	103	90

2) 微量物质示踪剂现场注入及取样要求

(1) 示踪剂注入操作过程。

① 关闭注水站来水闸门和井口总闸门，泵车以正注方式与注水井井口接好注入流程，并用清水对水泥车至井口管线试压，保证不渗、不漏，稳压2~3min。

② 泵车罐内备水$2m^3$，打开水井总闸门，按该井配注注入速度开泵注入前置液体。

③ 泵车罐内备热水$2m^3$，将示踪剂加入，溶解，循环至混合均匀。打开水井总闸门，按该井配注注入速度开泵注入示踪剂。注入完成后，罐车两次备水$2m^3$分别注入地层，以保证罐车示踪剂液体冲洗干净并全部注入地层，然后关闭水井总闸门。

④ 拆卸水泥车管线，开闭相应闸门按该井配注正常注水。

⑤ 示踪剂加入井内后，严禁洗井。

多层段注入操作参考如下：

① 进行投捞水嘴作业，将最下一层(本次的目的层)配正常注水水嘴，其他层(非目的层)用死嘴封死。

② 按笼统注入步骤进行操作。

③ 每个层段注水1~2天后，进行另一层段的施工，方法同上。全部层段注完示踪剂后，开始正常注水。

④ 一般采取自下而上，分别对各层加入示踪剂。特殊情况下根据实际情况确定。

（2）取样制度及要求。

取样工作制度：示踪剂注入后的当天起在每个监测井开始取样，取样时间相对固定，1天取一个样，后期根据见剂情况适当调整；根据测试结果调整取样制度；监测期限：视测试结果确定终止或延长取样时间，初步预计时间为5个月。

取样要求：严格按照取样时间进行取样，并认真填写记录，对未按规定取得的样品要如实记录当时油水井的情况及原因；在油井取样时，取样桶必须专桶专用，每口油井对应一个或多个取样桶（取样桶上注明井号），不能混淆，防止交叉污染；取样人员取完样后及时送到化验岗，并办理交接手续，由化验岗专人对样品进行油水分离处理，取样桶每次取样前要用汽油处理干净，以防样品前后污染；化验室人员对样品进行处理时，要注意每个样品不能相互污染，不能混入其他水或物质。油多水少样品可加入破乳剂或电加热脱水。经过滤（漏斗要专井专用）分离出大约20mL水（不能含有油或其他杂质）倒入取样瓶中，并将记录有井号、取样日期、取样人等内容的标签贴在取样瓶上，将盖拧紧。对结果有影响的原因也要标明；通过过滤分离出大约20mL清澈的油田水（不能含有原油或其他杂质），漏斗要专井专用，用汽油每次清洗干净，将分离出来的油田水倒入取样瓶中，将盖拧紧，不能渗漏，记录井号、取样日期、制样人并将标签贴在取样瓶上。

3）井间微量物质示踪样品分析手段及测试解释方法

（1）分析手段。

微量元素示踪样品分析仪器采用ICP-MS，是一个质量筛选和分析器，通过选择不同质荷比（m/z）的离子通过，来检测某个离子的强度，进而分析计算出某种元素的强度。

（2）井间示踪测试解释方法。

井间示踪测试解释主要基于半解析方法体系。

① 采用黑油模型，利用数值法求解油藏各层的压力分布。

② 利用解析法求解浓度。

③ 用流线法把数值法与解析法联系起来。利用流线沿着速度走向分布这一特点，确定流线的分布，把三维或者二维的问题转化为一维问题。

④ 借助概率统计方法模拟示踪剂在地层中的分布状况。

⑤ 借助优化算法，用计算机完成解释工作。

4）现场施工、取样及检测

（1）现场施工。

① 按示踪监测方案要求，完成示踪剂合成，共110kg。其中第一段Yb40kg，

第二段 Er70kg。

② 对分层注入井进行投捞封堵，并进行验封、验窜和取样。

③ 对井场进行井况检查，注水井采油树齐全完好，不刺不漏，各部闸门开关灵活好用，压力表齐全准确。符合示踪监测施工条件。

④ 分析有关测井资料，确认该区块注入井无固井质量和窜槽问题，符合示踪监测施工要求。

⑤ 根据设计方案，完成示踪剂注入。

（2）现场取样及检测。

示踪剂注入后的当天起在每个监测井开始取样，取样时间相对固定，按照设计要求，X35-79井、X35-9-1井、X36-9-1井、X38-9-2井、X36-10-2井、X37-9-1井等6口采油井每1~2天取样、制样，明显见剂以后或者存在特殊困难时，每隔2~3天一个样，后期根据见剂情况适当调整。监测取样时间历时5个多月，共取样711个。样品由中国科学研究院地质研究所进行分析化验，分析样品约417个。取样全过程各个环节基本满足了监测要求。

3. 示踪剂产出情况及参数解释

1）示踪剂产出情况及分析

（1）示踪剂产出情况。

在5个多月的取样监测过程中，第一段示踪剂有明显显示，监测结果从动态监测角度揭示了井组动态的水驱规律和特征，基本达到了水驱监测预期效果。根据油层的地质特征和水化学特征，结合目前 ICP—MS 仪器性能和地层水测试通则，参考测试数据的准确性，判断见剂情况如表8-6和表8-7所示。

表8-6 井组示踪剂产出情况

注入井	示踪剂	产出油井
X36-10-3	Yb	X35-79(窜)、X37-9-1(窜)、X38-9-2
	Er	—

表8-7 示踪剂 Yb 响应基本情况

产出油井	示踪剂突破时间/d	井距/m	示踪剂突破速度/(m/d)	最大浓度/(ng/mL)	产出持续时间/d
X35-79	4	379	94.75	0.94	20
X37-9-1	8117	305	38.132.60	1.6939.7	1338
X38-9-2	38	153	3.97	2.01	>120

（2）示踪剂产出分析。

分段示踪测试前期准备、现场注入、取样、测样进展顺利，达到方案设计要求。

第一段示踪测试显示明显，见剂比例高，3井次见到示踪剂显示，占6口监测井的50%，初步达到了监测的目的。第二段示踪剂没有明显显示。

根据以前有关示踪测试来看，当裂缝发育、导流能力强且具有明显方向性，或者注采明显不均衡，或者注采强度低、测试时间短，或者存在示踪剂前缘的通道变化时，见剂井数偏少，例如1~2口以下；当储层相对均匀、井组间及井组内注采相对均衡、测试时间长（例如1~2年）时，见剂井数多，一线井见剂率可以达到90%以上，二线井见剂与否与当时注剂井的控制范围、测试时间、地层特征有关。

考虑到试验区的地质特征和沉积特征，储层中可能存在裂缝等异常渗流通道。平面上看，第一段示踪剂有两口一线井，见剂一口，见剂率为50%，中等偏大，四口二线井见剂两口，见剂率50%，在示踪监测中属于异常，第二段示踪剂未见显示，表明储层内渗透率垂向上分布相对均匀，且不存在特殊渗流通道，示踪剂随水缓慢渗流，短期内未能见剂。

在目前井网井距条件下，井间高渗通道存在，且具有平面方向性和层间选择性。X35-79井和X37-9-1井见剂时间处于早期见剂范围内，明显大于X38-9-2井见剂时间，且与示踪剂注入井X36-10-3距离较大，说明示踪剂渗流通道为高渗通道或者异常高渗特殊渗流通道。

从平面来讲，$Nm\text{Ⅱ}2$单元注水突进方向与断层方向交叉呈锐角，指向3口见剂井。从剖面来讲，通过分层注入不同类型示踪剂的显示来看，高渗通道在层间的发育情况不同，测试井组范围内，高渗通道在第一段有发育，第二段没有发育。

根据曲线形状来看，早期见剂井短期内波动幅度大，表明高渗通道可能具有微裂缝的性质。

在目前井网及开采条件下，示踪剂显示时间介于4~117天，峰值浓度介于0.94~39.7ng/mL之间，示踪剂突破速度介于2.6~94.75m/d范围内，产出示踪剂持续时间介于13~120天范围内。速度数值的高低不能说明井间连通性的强弱，只是说明井间连通的非均质性强弱，并需要与储层厚度、注采对应相互关系以及单井回采率等指标来综合分析。

示踪剂产出持续时间长，尤其是X38-9-2井，示踪剂浓度处于上升的过程中，说明示踪剂在地层中具有较好的稳定性。

目前井网及开采条件下，X36-10-3井组内部，X35-79井、X37-9-1井、X38-9-2井的部分产出水是来源于X36-10-3井近期注入水，为低效注入水。分层测试可见，油井多层存在水窜的情况少。

根据测试数据来看，X36-10-3井与X35-79井间存在沿断层的水窜，

X36-10-3井与X37-9-1井间存在水窜,表明上部断层不密封(图8-1)。

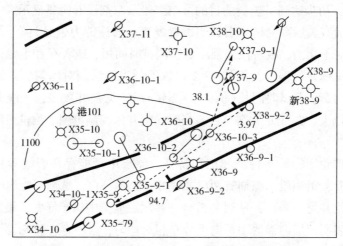

图8-1 X36-10-3井第一段示踪剂平面运移速度图

示踪剂产出曲线形状表现为不同的两种特征:

存在井间异常水窜的两口井(X35-79井、X37-9-1井)的产出曲线整体上是单峰值控制,但是存在相对弱的多峰值的情况;表明这两口井与水井对应井间示踪剂突进通道数量少,单层突进较为集中;X38-9-2井数据波动幅度大:一方面是由于油水井工作制度变化的影响,另一方面存在多个示踪剂突破通道的影响。

一线井见剂持续时间长,存在井间异常水窜的两口井见剂持续时间相对较短:X38-9-2井见剂时间持续长,超过120天,截止到测试结束,依然处于较高的浓度范围内,X35-79井、X37-9-1井井早期产出示踪剂持续时间在13~20天。

产出曲线形状特征较为完整,从监测目的来看,监测周期合理。

2) 示踪剂产出曲线拟合

(1) 地质模型建立。

建模范围内基本油藏参数如表8-8所示。监测目标层系对应表8-9,网格划分如图8-2所示。

表8-8 油藏基本参数

油藏长度/m	1972	网格划分	99×61×3
油藏宽度/m	1184	网格数目	18117
油藏层数	3	总井数/口	7

表8-9 目标层系对应情况

模拟层序号	实际小层
1	NmⅡ2
2	NmⅡ81
3	NmⅡ82

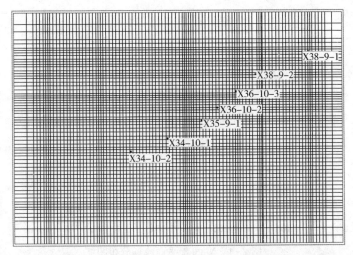

图 8-2　X36-10-3 井试验井组井位分布图

试验区曾经进行过专门的地质分层研究，此次地质建模是基于这一基础上进行的，以前的研究层系划分得较为明确。首先根据收集到井的测井解释成果，建立单井垂向分层地质模型，建立的模型垂向包括 3 个模拟单元。隔夹层方面，按照实际情况设定层间隔层发育情况。

（2）流场分布。

根据注采情况，结合平面速度场分布，计算得到平面流线分布图。在此，流场的分布是建立在基础地质模型和剖面测试上的。流线反映的是地质静态参数、动态参数、多井与多层协调结果，因此，能够根据流线的分布对水驱方向和见剂动态进行定性的分析和预测。

流场见图 8-3 和图 8-4，虽然流线的疏密一般不能表示流量的多少，但是在有些时候，同样厚度或者厚度相差不大的情况下，对于一口井来讲，流线所占的面积大小能够大体表示流量的相对多少。

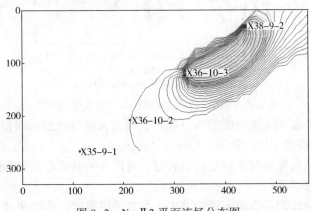

图 8-3　NmⅡ2 平面流场分布图

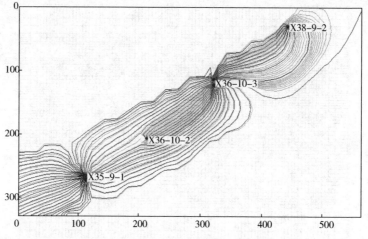

图 8-4　$NmII8^2$ 平面流场分布图

根据流场分析可见，虽然第二段井间注采对应关系存在，但是注水推进均匀，因此较为缓慢，测试期间未能产出示踪剂。

（3）示踪剂产出曲线拟合。

基于建立的地质模型，根据示踪剂产出曲线情况，模拟地下可能的井间参数分布情况，对示踪剂产出时间、浓度进行拟合，示踪剂拟合情况如图 8-5 所示。

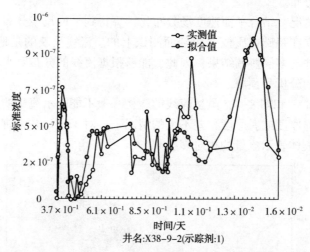

图 8-5　X38-9-2 井示踪剂 Yb 产出与拟合曲线

由于异常水窜井间地质模型难以确定，因此未进行产出曲线拟合。X38-9-2 井示踪剂 Yb 响应情况拟合如下。

计算曲线与实际曲线主特征符合较好，可以作为后面参数解释的依据。

3）井间参数解释

示踪剂波及体积、高渗通道渗透率、高渗通道厚度、孔喉半径的确定方法如下：以地质模型和动态参数为基础,利用数值方法,参考吸水产液剖面,得到流场(流线)的分布,以各条流线为单元,调整不同流线上的地层参数(包括高渗通道厚度、渗透率等),直至计算曲线与实际产出曲线拟合好为止(选择样本数目为1000000个,能够覆盖各种可能),此时,认为得到的最优样本能够代表实际地层情况,得到高渗通道渗透率、高渗通道厚度,然后将各条流线上的厚度、渗透率取平均,得到高渗通道的输出参数,利用渗透率和孔喉半径之间简单的关系式,折算得到高渗通道孔喉半径,将各条高渗流线体积求和,即为示踪剂波及体积,此波及体积为岩石外表体积。

由于示踪剂解释软件是基于地质模型解释示踪剂产出通道的参数,因此,如果不存在示踪剂显示,或者异常水窜,则未给出定量的参数。

监测显示 X38-9-2 井与注水井间存在两个水窜通道,波及体积分别为 $60m^3$ 和 $970m^3$,从数值来看,波及岩石体积小,且两个通道间差距大(表8-10)。

表8-10 井间示踪剂突破通道体积(产出示踪剂波及体积)

注入井	层 段	产出油井	波及体积/m^3
X36-10-3	NmⅡ2	X38-9-2	60 970

一般来讲,裂缝—大孔道型水侵通道波及体积偏小,从几方到几百方,强水洗高渗条带波及体积大小中等,从几百到几千方,高渗层和水淹层波及体积较大,可以达到几千立方米以上。

结合区块特征,根据解释结果来看,示踪剂突进通道类型可能为单元内部发育有强水洗通道或者裂缝。

层内波及系数的概念在此为高渗通道的一项指标,指对应层段上,高渗通道所占的油层体积与对应油井在该层内控制的油层体积(指对应单元泄油范围内储层岩石体积)之比。

一般来讲,井间对应主流通道在测试期间层内波及系数大小差异很大,对于裂缝型地层,一般小于1%、2%,甚至0.01%不到,强水洗高渗条带或者井距很小则可以达到2%、3%,高渗层及水淹通道最高可以达到40%以上。井间对应主流通道在测试期间层内波及系数小,介于0.001%~0.018%之间(表8-11)。

表8-11 产出示踪剂的层内波及系数

注入井	层 段	产出油井	层内波及系数/%
X36-10-3	NmⅡ2	X38-9-2	0.001 0.018

井间主渗通道的等效厚度(所谓等效厚度即为井间高渗通道厚度的平均值)

及等效渗透率(即为井间高渗通道渗透率的平均值)见表8-12。

表 8-12　井间示踪剂通道分析

注入井	层 段	产出油井	高渗通道渗透率/ $10^{-3}\ \mu m^2$	高渗通道厚度/ $10^{-2}\ m$	结论
X36-10-3	NmⅡ2	X38-9-2	2165	2	强水洗条带或者微小裂缝
			1530	5	

根据综合解释来看，突进通道渗透率没有达到大裂缝或者大孔道渗透率级别，可能为强水洗条带或者微小裂缝。

回采率即为各井采出的示踪剂量与注入的示踪剂量的比值，它的大小在一定程度上能够定性地说明井间动态连通强弱的情况。

一般来讲，裂缝—大孔道型地层回采率差别很大，视裂缝发育状况，最大可以达到40%~50%，最小可能小于1%；高渗条带、强水洗条带发育地层回采率与见剂时间早晚有关，一般最大可以达到5%以上，最小可能小于1%；高渗层及水淹层回采率最大可以达到20%~30%，最小可能小于1%。

表 8-13　示踪剂回采率分析

注入井	层 段	产出油井	单井回采率/%
X36-10-3	NmⅡ2	X38-9-2	0.0013
			0.0224

可见，示踪剂回采率很低，表明绝大多数示踪剂未被采出(表8-13)。

根据示踪测试结果，得到测试期间见剂井从注剂井采出的低效循环水量占注水量的比例(表8-14)。

表 8-14　井组回采水率分析

注入井	层 段	产出油井	单井回采水/%
X36-10-3	NmⅡ2	X38-9-2	0.5
			3.4

可见，X36-10-3井组注水利用率较高，低效循环水仅为3.9%左右，表明仅约3t/d的注入水为低效循环水，其他注入水起到了驱油的作用。

4. 监测资料综合分析

1) 井间高渗通道存在与否、发育状况及其比例

目前井网井距条件下，井间存在两种特殊高渗流通道，另一种是较大的裂缝，另一种是强水洗通道或者微小裂缝。井间平面存在特殊渗流通道的情况较为普遍，但是层间不是非常发育，仅部分层发育。

根据表8-7与图8-2所示，示踪剂产出情况水驱前缘突破速度分为两种：一

种是井间异常水窜，速度非常快；第二种是井间较快水窜，速度与常规渗流速度相比较大，但是与异常水窜相比要小得多，虽然均属于早期—中早期见剂，但是代表了两种不同的特殊渗流通道。

根据示踪剂产出曲线反演来看，第二种类型的特殊渗流通道可能为强水洗通道或者微小裂缝，如表8-10至表8-12所示。

平面上看，第一段示踪剂有两口一线井，早期—中期见剂一口，一线井井间存在特殊渗流通道的比例为50%，四口二线井异常水窜两口，二线井井间存在特殊渗流通道的比例为50%。

从特殊渗流通道厚度小、波及系数小来看，说明特殊渗流通道发育程度差，对生产影响小。通过分层测试来看，两段间差距很大，表明特殊渗流通道仅在部分单元内部发育。

2）不同测试层段水驱驱替的方向、速度

在目前井网及开采条件下，X36-10-3井组NmⅡ2段注水突进方向指向X35-79(窜)、X37-9-1(窜)、X38-9-2，NmⅡ8段注水突进方向性不明显。NmⅡ2段中，X36-10-3井与X35-79井间注水突进速度达到94.75m/d，X36-10-3井与X37-9-1井间可能存在两个注水突进通道，突进速度分别达到38.13m/d和2.60m/d，且以后面速度较慢的通道为主，X36-10-3井与X38-9-2井间注水突进速度达到3.97m/d。NmⅡ8段中，一线井尚未见剂，表明示踪剂尚未到达一线井，根据测试时间和井距推测，该段注水渗流速度小于1m/d，监测未发现存在注水突进的井。

3）测试期间不同测试层段示踪剂回采率、回采水率

目前井网及开采条件下，不同层段注入示踪剂的回采率存在差距且均小，通过参数反演得到了对应层段的回采水率，确定了注水利用率。具体见表8-13和表8-14所示。

监测期间，NmⅡ2层段示踪剂单井回采率很低，不到0.1%，NmⅡ8层段示踪剂回采率为0。

参数反演认为，测试期间，NmⅡ2层段单井回采水率低，不到4%，NmⅡ8层段回采水率为0，井组注水利用率高。绝大多数示踪剂随水在驱油，没有沿着特殊渗流通道快速窜流被采出。

X38-9-2井每天产水量中有16%左右的产出水为低效循环水，来自X36-10-3井。

4）监测期间对应井间水驱条件下产出示踪剂的波及体积

在目前井网及开采条件下，监测期间产出示踪剂的波及体积小，为1030m³左右，见表8-10所示。该体积可以作为深部调剖堵水的基数。

5）水驱条件下油层层内、平面、纵向的非均质性

通过分层测试方式，分层段注入不同类型示踪剂，研究了不同油组层内、层间、平面非均质状况，认为井组层内、平面、层间非均质状况差异均较大。从反演的井间特殊高渗通道渗透率与原始有效渗透率(根据产能、压力校正得到)来

看，原始有效渗透率小于 $250\times10^{-3}\mu m^2$，而井间示踪测试得到的渗透率至少达到 $2165\times10^{-3}\mu m^2$，差距达到 1 个数量级，在此，引入渗透率突进系数的概念，用示踪剂反演得到的渗透率与原始平均有效渗透率的比值来评价各层的非均质强弱。根据图 8-6~图 8-8 可见，层内渗透率突进系数介于 9~13 之间，说明储层内部存在测井解释结果没有反映出来的较强的非均质状况，考虑到高渗通道很薄，小于储层厚度的 2%，因此，层内非均质起到的控制作用不大。

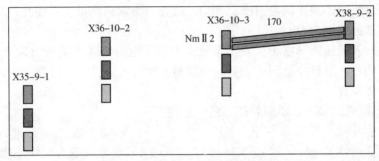

图 8-6　井间平均原始有效渗透率

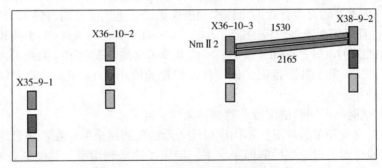

图 8-7　目前井间高渗通道有效渗透率

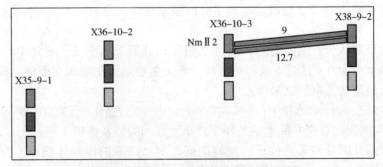

图 8-8　目前井间高渗通道渗透率突进系数

从井组平面来看，NmⅡ2 段见剂与否、见剂速度差距很大，说明 NmⅡ2 段平面非均质强，NmⅡ8 段没有示踪剂显示，但是从流场看，存在注采对应关系，说明平面非均质较弱。因此，测试井组内部显示部分层内、平面非均质强，部分则较弱，层间非均质同样较强。

6) 对应井间水驱通道渗透率

通过理论结果与实际示踪监测结果对比，反演得到了储层内部示踪剂突破通道的渗流特征参数，如表8-12所示。

分析认为，水驱通道渗透率处于高渗范围内，但是厚度很薄，可能是由于水洗形成的水洗通道，也可能是微裂缝发育，至于异常水窜的井间，从速度类比来看，肯定存在较大的裂缝。

7) 井间异常窜流及断层密闭性分析

通过测试发现：X35-79和X37-9-1井与X36-10-3井间存在异常窜流通道，尤其是X37-9-1井有示踪剂显示，表明注水井组上部的断层不密封。

8) 井间剩余油分布

根据示踪剂测试结果，重新修正地质模型，根据数值模拟历史拟合计算结果，得到目前剩余油分布如图8-9~图8-11所示。

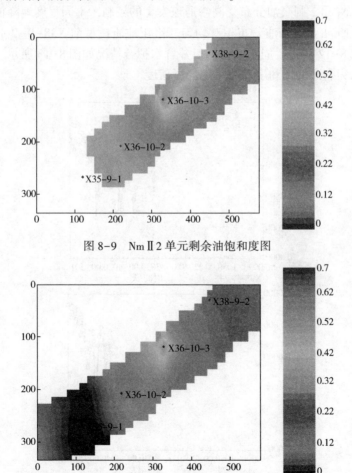

图8-9　Nm Ⅱ 2单元剩余油饱和度图

图8-10　Nm Ⅱ 8^1 单元剩余油饱和度图

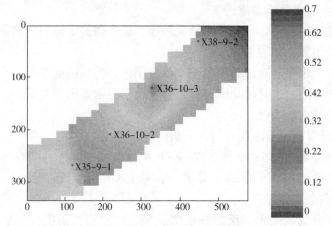

图 8-11　NmⅡ8² 单元剩余油饱和度图

可见，NmⅡ2 剩余油分布受高渗通道发育的控制，不同程度地降低了注入水的利用率，NmⅡ8 剩余油分布相对均匀。修正地质模型前 X38-9-2 井含水率拟合对比如图 8-12 所示，周围其他两口井含水拟合情况如图 8-13 所示。拟合符合度较好，认为剩余油饱和度具有一定的可信度。

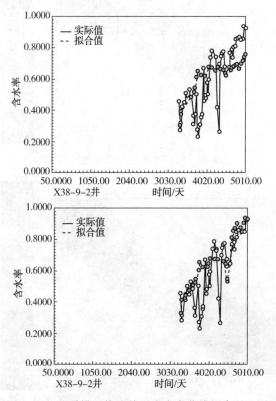

图 8-12　地质模型修改前后含水率曲线拟合对比图

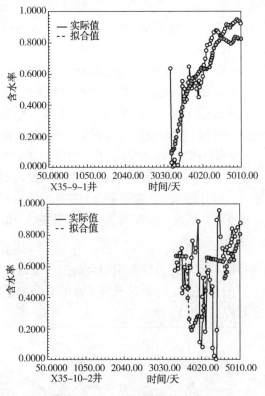

图 8-13 含水率曲线拟合图

第二节 多井组放射性井间示踪集中测试应用

1. 概况

GD 油田二区四断块含油面积 $1.5km^2$,地质储量 $377.8×10^4t$,可采储量 $187.1×10^4t$,油层高孔中高渗,原油低黏,地层水属 $NaHCO_3$ 型。

二区四断块储量主要分布在明三、四油组,在明三油组中主力砂体明三 5 占断块储量的 23.4%,从剩余油情况来看,明三砂体剩余储量 $11.4×10^4t$,但是主力砂体采出程度高达 80.9%,虽然剩余储量较大,由于采出程度较高,目前油井高含水,主力砂体发育较厚,层内矛盾突出,因此治理主力砂体,应转向解决层内矛盾,而对于采出程度较低的非主力砂体,在剩余油富集区实施常规补孔等措施来挖潜。如何牢牢把握这两类砂体的特征,并寻找剩余油的分布,最大限度地将储量变为产量是本次研究的最终目标。

二区四断块已进入高含水开发后期,截至目前该断块在册油井 23 口,开井 20 口,日产油量 69.8t,日产液量 $1024.9m^3$,综合含水 93.19%,断块已累计采油 146.4×10⁴t，采油速度 0.5%，采出程度 38.8%，可采储量采出程度 78.2%，在册水井 16 口，开井 14 口，日注水量 1586.3m³，累注水 693.15×10⁴km³。断块月注采比 1.84，累注采比 0.82。

二区四断块开发存在以下几方面的问题，在一定程度上制约了开发效果：①油层利用率低，影响油田稳产基础。二区四断块油层射开程度 58.1%，油层利用率仅 25.3%，导致大规模储量未被动用。②主力砂体水淹严重，剩余油分散程度高。二区四断块已进入到特高含水开发后期阶段，综合含水 95.8%，采出程度 78.8%。剩余油平面上分布高度分散，层内动用不均衡。高水淹砂体内部由于层内非均质性导致水淹程度不均，具有进行层内治理、继续规模调剖、提高采收率的潜力。调剖初期效果显著，但有效期短，制约剩余油的挖潜。由于长期的放大压差生产，使得地层内优势孔道已经形成，水井调剖初期效果较好，但是稳产期较短。

2. 示踪剂选择与用量

因在九个井组进行同位素示踪井间监测剩余油饱和度研究，故需在每个注剂井中同时注入一对不同的示踪剂，一种是只溶于水的非分配示踪剂，一种是既溶于水又溶于油的分配示踪剂(图 8-14)。

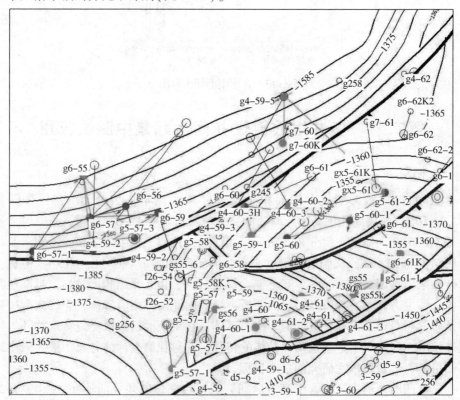

图 8-14 二区四断块九井组井位示意图

这九个井组相互间存在多向监测井,在一个监测井多向受益的情况下,注剂井中注入不同的示踪剂才能准确判断示踪剂的产出来源。

针对这种情况,为了便于分析,做出了九井组的注采井的对应关系及选用的示踪剂类型,如表8-15所示。

表8-15 九井组注采井对应关系表

注剂井	监测井					示踪剂类型
g5-59-1 (NmⅢ5)	g4-60-3H (NmⅢ5)(双向)	g4-60-3 (NmⅢ5)				^{3}H 氚化正丁醇
g5-60-1 (NmⅢ2,5,6)	g4-60-3H (NmⅢ5)(双向)	g5-61-2 (NmⅢ6,NgⅢ8) (双向)	g5-60 (NmⅢ2)			^{35}S 氚标异戊醇
g4-59-5 (NmⅢ5/NgⅢ8)	g7-60K (NmⅢ5)	g5-61-2 (NmⅢ6,NgⅢ8) (双向)				^{3}H 氚化正丁醇
g5-61-1 (NmⅢ4/5,5/7/8)	gs55K (NmⅢ4)	g4-61-1 (NmⅢ3,5, Ⅳ1,1)	g4-60-1 (NmⅢ5)	g5-61K (NmⅢ7,11)	g4-61-2 (NmⅢ8)	^{3}H 氚化正丁醇
g6-55 (NmⅢ5)	g6-57 (NmⅢ5) (四向)	g4-59-2 (NmⅢ5) (四向)	g5-57-3 (NmⅢ5) (四向)			^{3}H 氚化正丁醇
g6-57-1 (NmⅢ5)	g6-57 (NmⅢ5) (四向)	g4-59-2 (NmⅢ5) (四向)	g5-57-3 (NmⅢ5) (四向)			^{35}S 氚标异戊醇
g6-56 (NmⅢ5)	g6-57 (NmⅢ5) (四向)	g4-59-2 (NmⅢ5) (四向)	g5-57-3 (NmⅢ5) (四向)			^{46}Sc 氚标异丁醇
g6-59 (NmⅢ5)	g6-57 (NmⅢ5) (四向)	g4-59-2 (NmⅢ5) (四向)	g5-57-3 (NmⅢ5) (四向)			^{59}Fe 氚标正戊醇
gs56 (NmⅣ3,5,10, NgⅠ2,Ⅱ2,Ⅲ5)	g5-57-1K NmⅣ1,4,5					^{3}H 氚化正丁醇

根据示踪剂用量计算公式,做出九井组选用的示踪剂类型和用量,如表8-16所示:

表 8-16　九井组示踪剂种类与用量表

注示踪剂井	注入层位	注剂方式	示踪剂类型	示踪剂用量
g6-59	NmⅢ5	正注	非分配—^{59}Fe	100mCi
			分配—氚标正戊醇	0.5Ci
g4-59-5	NmⅢ5/NgⅢ8	中下段	非分配—^{3}H	0.5Ci
			分配—氚化正丁醇	0.5Ci
g5-59-1	NmⅢ5	上段	非分配—^{3}H	0.5Ci
			分配—氚化正丁醇	0.5Ci
g5-60-1	NmⅢ2，5，6	正注	非分配—^{35}S	100mCi
			分配—氚标异戊醇	0.5Ci
g5-61-1	NmⅢ4/NmⅢ5，5/NmⅢ7/NmⅢ8	一、二、三、四段	非分配—^{3}H	1.5Ci
			分配—氚化正丁醇	1.5Ci
g6-55	NmⅢ5	上段	非分配—^{3}H	0.5Ci
			分配—氚化正丁醇	0.5Ci
g6-56	NmⅢ5	正注	非分配—^{46}Sc	200mCi
			分配—氚标异丁醇	0.5Ci
g6-57-1	NmⅢ5	正注	非分配—^{35}S	100mCi
			分配—氚标异戊醇	0.5Ci
gs56	NmⅣ3，5，10，NgⅠ2，Ⅱ2，Ⅲ5	第三段	非分配—^{3}H	0.5Ci
			分配—氚化正丁醇	0.5Ci

3. 现场施工及样品录取制备

1）现场施工

采油树装有和尚头及补心，将注入容器与采油树连接好，在确保各连接部位不渗不漏的条件下，再将示踪剂注入井中。注入示踪剂采用缓慢注入方式，以使注入的示踪剂在井筒中形成适当长度的示踪剂段塞。连续注入 2h 后结束，注入示踪剂后要求注水井和采油井保持正常的生产。注入示踪剂后，在注水井不停注、监测井不停产的情况下，完成了 g6-55、g6-56、g6-57-1、g6-59、g5-59-1、g5-60-1、g5-61-1、gs56、g4-59-5 九井组的示踪剂注入任务。

2）取样及制备

注示踪剂当天在每口监测井上取一油水样，作为各监测井的本底值。根据各井组的动静态资料，决定注示踪剂后，每四天取一油水样，对要求加密取样的三口监测井 g6-57、g4-59-2、g4-60-3H 两天取一油水样。在监测期间，根据监测情况可调整取样密度。见示踪剂的井，当示踪剂产出浓度接近本底值时结束监测。对于长时间不见示踪剂的监测井，适时加大取样时间间隔。油水样在实验室进行分离、制备、检测。示踪剂的样品在低本底液体闪烁分析仪和2018型γ能谱分析仪中检测。

4. 监测结果及分析

(1) g6-55注水井组共有监测井三口,表8-17、表8-18为井组基本参数。

表8-17 g6-55注水井有关数据表

注水层位		NmⅢ5/NmⅢ10,Ⅳ2,3	
注示踪剂层位		NmⅢ5	
注水井段/m		1382.5~1496.9	
注水厚度/m		13.2	
注水类型		一级两段	
日注量/(m³/d)	150	注水压力	泵压/MPa 10.05
			油压/MPa 7.91
			套压/MPa 0

表8-18 g6-55注水井组监测井有关数据

序号	井号	生产层位	厚度/m	日产油/(t/d)	日产水/(m³/d)	含水/%	井距/m
1	g6-57	NmⅢ5	4.5	4.68	261.37	98.24	138
2	g4-59-2	NmⅢ5	7.0	2.20	15.70	87.70	244
3	g5-57-3	NmⅢ5	新井暂未投产				270

g6-55井注入一对^{3}H和氚化正丁醇示踪剂。三口监测井中有一口见到了g6-55所注的示踪剂。具体检测结果如下:

① 监测井g6-57位于g6-55南偏东138m处,注入示踪剂后的第46天见到^{3}H示踪剂,初见浓度142.6Bq/L,水驱速度3.00m/d,并见到分配示踪剂氚化正丁醇,滞后非分配示踪剂的时间为4天。图8-15和图8-16为该井的示踪剂检测曲线。

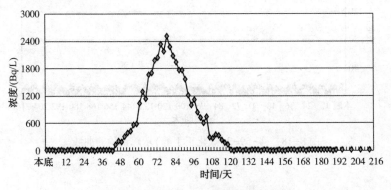

图8-15 g6-57(^{3}H)示踪剂检测曲线

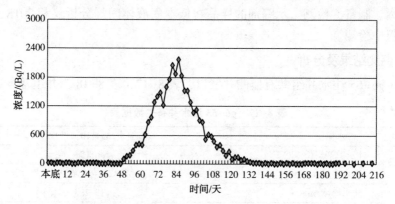

图 8-16　g6-57(氚化正丁醇)示踪剂检测曲线

另外，g4-59-2 和 g5-57-3 井在监测期间未见 g6-55 井注入的示踪剂（如图 8-17~图 8-20 所示）。

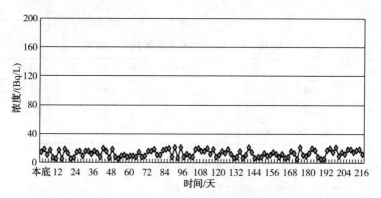

图 8-17　g4-59-2(^{3}H)示踪剂检测曲线

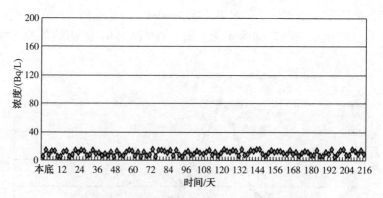

图 8-18　g4-59-2(氚化正丁醇)示踪剂检测曲线

第八章 井间示踪测试综合解释应用

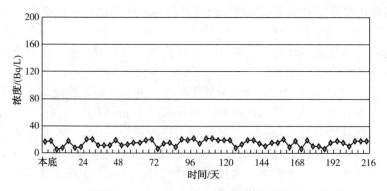

图 8-19　g5-57-3(^{3}H)示踪剂检测曲线

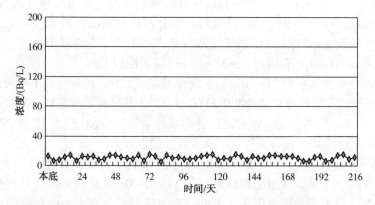

图 8-20　g5-57-3(氚化正丁醇)示踪剂检测曲线

② 计算的水驱速度如表 8-19 所示。

表 8-19　g6-55 井组水驱速度表

序号	井号	与注水井距离/m	初见示踪剂日期	天数/d	初见浓度/(Bq/L)	水驱速度/(m/d)
1	g6-57	138	2013.5.6	46	142.6	3.00
2	g4-59-2	244	截至 2013.10.23 未见港 6-55 井注入的示踪剂			
3	g5-57-3	270				
备注	注水井 g6-55 井于 2013.3.21 注入 0.5 居里 ^{3}H 和 0.5 居里氚化正丁醇					

③ 示踪剂检测结果分析。

g6-55 井组监测时间为 216 天，累计化验样品 530 个。井组的三口监测井中，g6-57 井见到示踪剂，说明 g6-55 井注入的示踪剂主要向 g6-57 井这口井的方向推进。见剂井 g6-57 井同时还见到了 g6-56 井和 g6-57-1 井注入的示踪剂，这口井为三向见剂井，同时受三口水井的注水影响。g6-55 井注入的示踪剂向 g6-57井的推进速度为 3.00m/d，水驱速度不快，表明注剂井与见剂井井间高渗通道不属于大孔道或裂缝窜流，是由长期注水冲刷形成的。g4-59-2 井和

g5-57-3 井在监测期间未见示踪剂，说明其与 g6-55 井的连通性差。

（2）其他井组示踪监测。

其余八个井组的现场施工、取样制备和检测分析过程与 g6-55 井组类似。

各井组检测分析结果如下：

① g6-56 井注入一对 ^{46}Sc 和氚标异丁醇示踪剂，井组监测时间为 216 天，累计化验样品 530 个。井组的三口监测井中有两口井 g6-57 井和 g4-59-2 井见到了示踪剂，表明这两口井与 g6-56 井之间动态连通性较好。g6-56 井注入的示踪剂向见示踪剂井 g6-57 井和 g4-59-2 井的推进速度分别为 2.69m/d、2.06m/d，水驱速度差异不大，井组平面上注水推进相对均匀。g5-57-3 井在监测期间未见示踪剂，表明与 g6-56 井的连通性较差。

② 港 6-57-1 井注入一对 ^{35}S 和氚标异戊醇示踪剂。井组监测时间为 215 天，累计化验样品 530 个。井组的三口监测井中有两口井 g6-57 井和 4-59-2 井见到了示踪剂，表明 g6-57-1 井已经与这两口井之间形成了高渗通道。g5-57-3 井在监测期间未见示踪剂，表明与 g6-57-1 井的连通性较差。

③ g6-59 井注入一对 ^{59}Fe 和氚标正戊醇示踪剂。井组监测时间 194 天，累计化验样品 476 个。井组的三口监测井中只有 g5-57-3 井见到了示踪剂。其推进速度为 1.82m/d，说明这口井与 g6-59 井之间已形成高渗通道。g6-57 井和 g4-59-2 井在监测期间未见示踪剂，表明其与 g6-59 井的连通性较差。

④ g5-59-1 井注入一对 ^{3}H 和氚化正丁醇示踪剂。井组监测时间为 216 天，累计化验样品 312 个。井组的两口监测井 g4-60-3H 井和 g4-60-3 井都见到了示踪剂，见剂情况表明井组范围内油水井动态对应较好，注入水向平面两个方向均有波及。g5-59-1 井注入的示踪剂向两口见剂井的推进速度分别为 2.28m/d 和 2.83m/d，水驱速度不快，结合产出曲线形态等因素来看，高渗通道为注水冲刷形成的高渗层。

⑤ 港 5-60-1 井于 2013 年 3 月 22 日注入一对 ^{35}S 和氚标异戊醇示踪剂。井组监测时间 215 天，累计化验样品 424 个。井组的监测井中有 g5-61-2 井和 g5-60 井两口井见到了示踪剂，表明 g5-60-1 井的注入水主要向这两口井的方向推进。g5-60-1 井注入的示踪剂向 g5-61-2 和 g5-60 井的推进速度分别为 1.16m/d 和 1.61m/d，高渗通道为注水冲刷形成。g4-60-3H 井在监测期间未见 g5-60-1 井注入的示踪剂。

⑥ g5-61-1 井注入一对 ^{3}H 和氚化正丁醇示踪剂。井组监测时间 203 天，累计化验样品 412 个。井组有 g5-61K 井、g4-61-2 井、g4-61-1 井三口井见剂，表明三口井已与 g5-61-1 井之间形成了高渗通道。g4-60-1 井与注剂井之间距离较远，考虑 g4-61-2 井的部分遮挡作用，因而在监测期间 g4-60-1 井未见示踪剂。

⑦ gs56 井注入一对 ^{3}H 和氚化正丁醇示踪剂。井组监测时间 203 天，累计化验样品 104 个。监测井 g5-57-1K 井在监测期间见到了 gs56 井注入的示踪剂，示踪剂推进速度为 1.83m/d，表明与 gs56 井的动态连通性较好，井间高渗通道

第八章 井间示踪测试综合解释应用

为长期注水冲刷形成,如果是大孔道或裂缝窜流类型的高渗通道,窜流速度会在 10m/d 以上。

⑧ g4-59-5 井注入一对 ^3H 和氚化正丁醇示踪剂。井组监测时间为 217 天,累计化验样品 190 个。井组的两口监测井中只有 g7-60K 井见到了示踪剂,表明 g4-59-5 井的注入水主要向 g7-60K 井推进。g5-61-2 井与 g4-59-5 井之间距离较远,未见剂表明两井无明显的连通性。

(3) 九井组水驱速度方向。

为了便于对九井组的监测情况进行应用分析,下面给出综合九井组的监测结果作出的水驱速度表(表 8-20),并以 GD 二区四断块构造井位图为依据,绘制出了九井组监测期间的水驱方向示意图(图 8-21)。

表 8-20 九井组水驱速度表

序号	注剂井	监测井	与水井距离/m	初见示踪剂/天	初见剂浓度/(Bq/L)	水驱速度/(m/d)
1	g6-55	g6-57	138	46	142.6	3.00
		g4-59-2	244	结束监测—直未见示踪剂		
		g5-57-3	270			
2	g6-56	g6-57	140	52	1.38	2.69
		g4-59-2	185	90	0.78	2.06
		g5-57-3	120	结束监测—直未见示踪剂		
3	g6-57-1	g6-57	219	125	1.37	1.75
		g4-59-2	210	133	0.69	1.58
		g5-57-3	350	结束监测—直未见示踪剂		
4	g6-59	g5-57-3	120	66	0.63	1.82
		g6-57	248	结束监测—直未见示踪剂		
		g4-59-2	260			
5	g5-59-1	g4-60-3H	91	40	63.3	2.28
		g4-60-3	170	60	52.9	2.83
6	g5-60-1	g5-61-2	152	131	0.54	1.16
		g5-60	218	135	1.09	1.61
		g4-60-3H	348	结束监测—直未见示踪剂		
7	g5-61-1	g5-61K	90	39	50.7	2.31
		g4-61-2	350	111	75.3	3.15
		g4-61-1	268	119	42.8	2.25
		g4-60-1	450	结束监测—直未见示踪剂		
		gs55K	112			

续表

序号	注剂井	监测井	与水井距离/m	初见示踪剂/天	初见剂浓度/(Bq/L)	水驱速度/(m/d)
8	gs56	g5-57-1K	240	131	59.3	1.83
9	g4-59-5	g7-60K	152	168	63.2	0.90
		g5-61-2	466	结束监测一直未见示踪剂		

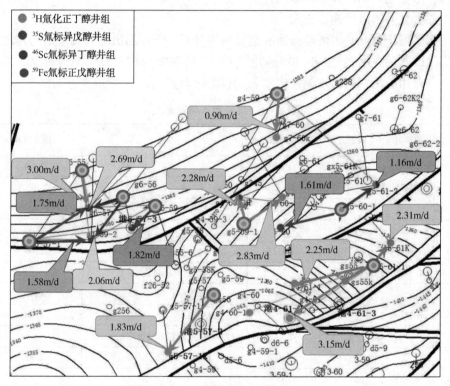

图 8-21 九井组水驱示意图

由图 8-21 可看出，g6-57 井见到了 g6-55 井、g6-56 井、g6-57-1 井三口井注入的示踪剂。g4-59-2 井见到了 g6-56 井和 g6-57-1 井两口井注入的示踪剂。其余见剂井均为单向见剂。

注入的示踪剂向各见剂井的突破速度在 0.90~3.15m/d 之间。其中以 g5-61-1~g4-61-2 井之间水驱速度最快，为 3.15m/d；以 g4-59-5~g7-60K 井之间的水驱速度最慢，为 0.90m/d。总体来看，九井组所在区域没有特别异常的窜流速度（例如大裂缝和大孔道，水驱速度可以达到 10m/d 以上），见剂情况也比较符合产液含水特征。

5. 综合解释

1）解释建模

地质模型的建立主要为解释系统提供油藏的静态、动态资料，建模的对象是

GD 二区四断块 g6-55 井、g6-56 井、g6-57-1 井、g6-59 井、g5-59-1 井、g5-60-1井、g5-61-1 井、gs56 井、g4-59-5 井九井组所在范围。根据九井组范围内水井和其他油井的对应关系，建模时平面上考虑了在该井组范围内历史上投产或投注的油水井共 55 口。建模所使用的资料主要包括：①井位资料（区块的研究范围、井位坐标、小层数目）；②断层、隔夹层、边水情况；③水性质资料；④高压物性资料；⑤相渗资料；⑥压力资料；⑦射孔资料；⑧井史资料；⑨目前动态资料；⑩油水井剖面资料；⑪小层解释成果资料；⑫示踪监测资料（示踪剂注入时间、注入量、产出时间、产出浓度）；⑬其他参数（为不敏感的参数，作为参考数据使用）等。

示踪剂监测研究层位为 NmⅢ2、NmⅢ4、NmⅢ5、NmⅢ6、NmⅢ7、NmⅢ8、NmⅣ5、NgⅢ8 共 8 个小层。此次建模主要参考该区块单井动态数据（厚度、渗透率、孔隙度、原始含油饱和度等），根据提供的层系划分关系和注采井的动态特征建立模型，对合产井依据地层系数进行液量劈分，垂向上模拟层和实际层的对应关系见表 8-21。

表 8-21　模拟层与实际层对应表

模拟层	对应层	模拟层	对应层
1	NmⅢ2	5	NmⅢ7
2	NmⅢ4	6	NmⅢ8
3	NmⅢ5	7	NmⅣ5
4	NmⅢ6	8	NgⅢ8

网格划分所选的矩形区域左右（东西方向）长度为 1620m，上下（南北方向）长度为 1125m，研究区域面积 1822500m^2，划分网格数目 108×75×8，共计 64800 个。基本井位图如图 8-22 所示：

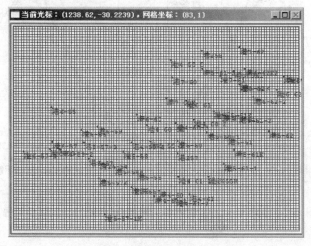

图 8-22　九井组模型网格划分

2) 实测曲线与拟合曲线对比

应用示踪剂解释软件对九井组见示踪剂井的示踪剂产出曲线进行了拟合，总计进行 15 口井的产出非分配示踪剂和分配示踪剂（^{3}H、氚化正丁醇、^{35}S、氚标异戊醇、^{46}Sc、氚标异丁醇、^{59}Fe、氚标正戊醇）曲线拟合。从见剂情况看，先是产出非分配示踪剂，之后产出分配示踪剂。另外，示踪剂产出曲线状态可能会受储层参数（例如厚度、渗透率等）的展布影响以及受油水井的动态影响，从而会体现出曲线形状的差异。从曲线拟合效果看：曲线拟合效果较好，图 8-23、图 8-24 为其中的 g6-56 井组两口见剂井拟合曲线。

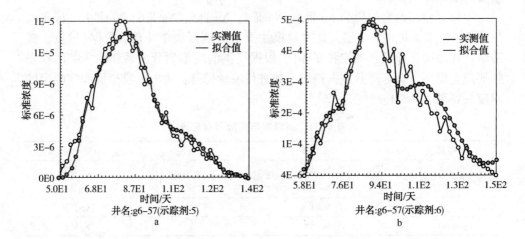

图 8-23　g6-57 井示踪剂拟合曲线（a：^{46}Sc；b：氚标异丁醇）

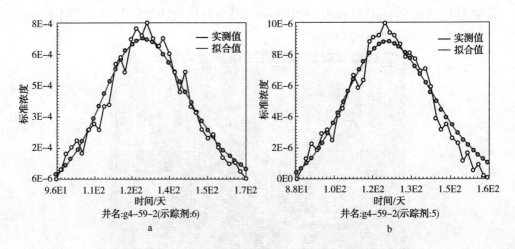

图 8-24　g4-59-2 井示踪剂拟合曲线（a：^{46}Sc；b：氚标异丁醇）

3）高渗透层描述

（1）高渗透层参数。

通过示踪解释计算得到了井间高渗层渗透率、厚度和喉道半径。需要说明的是，确定示踪剂渗透率等参数时，以地质模型和井组动态数据为基础，参考吸水产液剖面，采用数值方法，得到流线分布，再以各条流线为基本单元，调整流线上的地层参数，此时选取的样本数足够多，以便覆盖所有的可能范围（裂缝、高渗层、高渗条带等），最后将各条流线上的参数取平均（厚度、渗透率），得到高渗层的各个参数。

可以看出，九井组的高渗通道厚度在 1.01~3.29m 之间；渗透率在（955.76~14556.74）×$10^{-3}\mu m^2$之间，喉道半径范围在 5.53~21.58μm 之间，高渗层较原始渗透率已经发生了较大的变化。从高渗层厚度和渗透率来看，高渗通道属于长期注水冲刷形成的高渗层（表 8-22）。

表 8-22 九井组井间高渗层参数表

序号	注剂井	见剂井	高渗层位置	高渗层厚度/m	高渗层渗透率/$10^{-3}\mu m^2$	喉道半径/μm
1	g6-55	g6-57	NmⅢ5	1.63	1172.25	6.12
2	g6-56	g6-57	NmⅢ5	2.71	1460.89	6.84
		g4-59-2	NmⅢ5	3.02	1605.51	7.17
3	g6-57-1	g6-57	NmⅢ5	3.04	993.97	5.64
		g4-59-2	NmⅢ5	3.29	1220.54	6.25
4	g6-59	g5-57-3	NmⅢ5	2.85	2086.94	8.17
5	g5-59-1	g4-60-3H	NmⅢ5	1.26	4542.96	12.06
		g4-60-3	NmⅢ5	1.01	4301.05	11.73
6	g5-60-1	g5-61-2	NmⅢ6	2.33	1028.37	5.74
		g5-60	NmⅢ2	2.97	955.76	5.53
7	g5-61-1	g5-61K	NmⅢ7	2.72	1990.78	7.98
		g4-61-1	NmⅢ8	2.21	1413.68	6.73
		g4-61-1	NmⅢ8	2.96	14556.74	21.58
8	gs56	g5-57-1K	NmⅣ5	1.18	2472.09	8.89
9	g4-59-5	g7-60K	NmⅢ5	2.05	1365.78	6.61

图 8-25 是根据井间高渗层参数做出的高渗通道渗透率分布示意图。

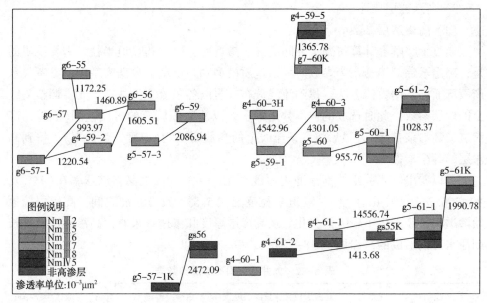

图 8-25　高渗通道渗透率分布示意图

表 8-23 为九井组范围高渗通道波及系数，波及系数在此为高渗通道的一项指标，是指对应层段上高渗通道所占的油层体积与该井控制的油层体积之比。

表 8-23　九井组井间高渗通道波及情况表

序号	注剂井	见剂井	小层层位	波及体积/m³	波及系数
1	g6-55	g6-57	NmⅢ5	38948.34	7.51
2	g6-56	g6-57	NmⅢ5	28471.14	5.63
		g4-59-2	NmⅢ5	21769.36	2.56
3	g6-57-1	g6-57	NmⅢ5	31586.84	4.83
		g4-59-2	NmⅢ5	28294.35	1.88
4	g6-59	g5-57-3	NmⅢ5	6597.77	0.52
5	g5-59-1	g4-60-3H	NmⅢ5	24375.18	8.56
		g4-60-3	NmⅢ5	24772.78	2.91
6	g5-60-1	g5-61-1	NmⅢ6	21039.94	2.56
		g5-60	NmⅢ2	33581.04	3.98
7	g5-61-1	g5-61K	NmⅢ7	15758.26	3.79
		g4-61-2	NmⅢ8	32104.01	4.82
		g4-61-1	NmⅢ5	19543.15	2.70
8	gs56	g5-57-1K	NmⅣ5	17732.86	0.88
9	g4-59-5	g7-60K	NmⅢ5	16342.45	2.72

通过解释示踪剂的产出曲线，虽然能够反映出到底是哪个层见的示踪剂，以及对应高渗层的厚度，但实际上不管这个厚度处在这个层的任意位置上，都可以使示踪剂的产出具有相同的形态。由于各种措施的实施以及油水井的污染等因素，判断纵向上高渗通道在见示踪剂层上的具体位置也就变得更为困难。示踪剂解释在垂向上的精度依赖于油藏描述的精度，以及吸水产液剖面等测试资料能够达到的精度，需要结合地层资料、剖面测试资料、历年措施情况等多方面资料综合分析。同样，通过解释可以分析出注水波及系数，但不能判断高渗通道在平面上的展布形态。这是由地层的复杂性和现场上所能够采取的手段的局限性所决定的。

（2）非均质性评价。

为了直观地对比高渗层与原始参数的变化情况，分析高渗层对整个小层渗流的影响，使用高渗层渗透率除以原始井间平均渗透率得到高渗通道突进系数，即为高渗层的渗透率与井组对应层的平均渗透率的比值，其值小于 2 为均匀型，2~3 为较均匀型，大于 3 为不均匀型。

根据示踪测试结果，做出了见示踪剂井对应层上的突进系数（表 8-24）。

表 8-24 九井组高渗通道突进系数表

序号	注剂井	见剂井	高渗层位置	原始井间平均渗透率/$10^{-3}\mu m^2$	高渗层渗透率/$10^{-3}\mu m^2$	突进系数
1	g6-55	g6-57	NmⅢ5	344.10	1172.25	3.41
2	g6-56	g6-57	NmⅢ5	477.17	1460.89	3.06
		g4-59-2	NmⅢ5	588.22	1605.51	2.73
3	g6-57-1	g6-57	NmⅢ5	467.76	993.97	2.12
		g4-59-2	NmⅢ5	578.81	1220.54	2.11
4	g6-59	g5-57-3	NmⅢ5	1013.16	2086.94	2.06
5	g5-59-1	g4-60-3H	NmⅢ5	1950.27	4542.96	2.33
		g4-60-3	NmⅢ5	1431.65	4301.05	3.00
6	g5-60-1	g5-61-2	NmⅢ6	813.40	1028.37	1.26
		g5-60	NmⅢ2	496.35	955.76	1.93
7	g5-61-1	g5-61K	NmⅢ7	793.20	1990.78	2.51
		g4-61-2	NmⅢ8	393.68	1413.68	3.59
		g4-61-1	NmⅢ5	4818.00	14556.74	3.02
8	gs56	g5-57-1K	NmⅣ5	1239.50	2472.09	1.99
9	g4-59-5	g7-60K	NmⅢ5	765.90	1365.78	1.78

从表中可以看出，计算的高渗层突进系数范围在 1.26~3.59 之间，突进系

数大于 3 的高渗层共 5 个，占全部高渗层的 33.3%。对于突进系数大于 3 的高渗层需要进行封堵或者调控。尤其是 g6-55 井与 g6-57 井之间在 NmⅢ5 小层的突进系数为 3.41，g6-56 井与 g6-57 井之间在 NmⅢ5 小层的突进系数为 3.06，g5-59-1 井与 g4-60-3 井之间在 NmⅢ5 小层的突进系数为 3.00，g5-61-1 井与 g4-61-2 井和 g4-61-1 井之间在 NmⅢ8 和 NmⅢ5 小层的突进系数分别为 3.59 和 3.02，表明由于长期的注水冲刷，地下渗流状态已经发生较大改变，无效水产出增加，注水利用率降低，需尽快采取措施封堵高渗通道。

4）剩余油分布及综合治理

根据双示踪剂测试结果，解释出了见示踪剂井与注水井高渗层之间的平均剩余油饱和度，解释参数见表 8-25。

表 8-25 九井组井间高渗层剩余油饱和度解释参数表

见剂井	小层层位	示踪剂测试期间高渗层含油饱和度（小数）
g6-55~g6-57	NmⅢ5	0.26
g6-56~g6-57	NmⅢ5	0.27
g6-56~g4-59-2	NmⅢ5	0.31
g6-57-1~g6-57	NmⅢ5	0.27
g6-57-1~g4-59-2	NmⅢ5	0.29
g6-59~g5-57-3	NmⅢ5	0.30
g5-59-1~g4-60-3H	NmⅢ5	0.26
g5-59-1~g4-60-3	NmⅢ5	0.27
g5-60-1~g5-61-2	NmⅢ6	0.29
g5-60-1~g5-60	NmⅢ2	0.30
g5-61-1~g5-61K	NmⅢ7	0.32
g5-61-1~g4-61-2	NmⅢ8	0.29
g5-61-1~g4-61-1	NmⅢ5	0.25
gs56~g5-57-1K	NmⅣ5	0.31
g4-59-5~g7-60K	NmⅢ5	0.26

根据示踪剂测试结果，重新修正地质模型。根据示踪剂综合解释方法计算，得到井组范围 NmⅢ2、NmⅢ4、NmⅢ5、NmⅢ6、NmⅢ7、NmⅢ8、NmⅣ5、NgⅢ8 小层剩余油分布。图 8-26 为 NmⅢ5 小层剩余油饱和度分布。

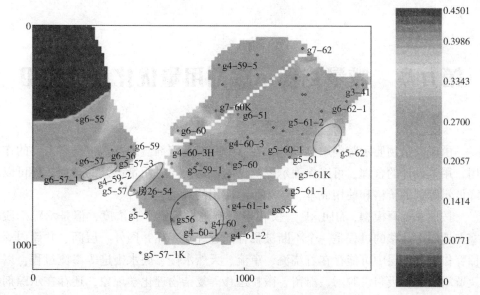

图 8-26 NmⅢ5 小层剩余油饱和度分布图

整体来看，港东二区四断块的剩余油分布主要受断层遮挡、砂体分布、井网因素、高渗通道等多种因素控制。在邻近断层位置以及砂体边缘存在一定的剩余油富集，可以通过老井侧钻、打新井、封堵高渗通道等方式动用剩余油富集区域。治理方向如下：

（1）封堵井间高渗通道，尤其是 g6-55~g6-57 井之间，g6-56~g6-57 井之间、g5-59-1~g4-60-3 井之间、g5-61-1~g4-61-2 井之间、g5-61-1~g4-61-1 井之间的高渗通道，以避免过多注入水产出，从而提高注入水利用率。

（2）对于存在高渗通道的油井，密切关注这些油井产液含水与对应注水井之间的关联，发现异常立即处理，从而降低高渗层的负面影响，提高注水利用率。

（3）结合示踪剂监测结果与剩余油饱和度分布，建议实施如下措施：

① 在 NmⅢ5 小层，建议对 g5-62 井北部、g4-60 井北部、g4-60-1 井西部等砂体边部或无油水井控制区域进行老井侧钻或打新井，以便动用边部区域的剩余油。

② g6-59 井加大注水，增强对 g5-57-3 井的供液，但需密切关注油井含水产水情况，避免过早水淹。

③ 通过示踪剂监测，在 NmⅢ5 小层共有 7 井组 10 井次见到示踪剂，见剂比例较大，针对 g6-55 井、g6-56 井、g6-57-1 井、g5-59-1 井、g5-61-1 井、g4-59-5井、g6-59 井这七口注水井进行整体调剖以及能够封堵高渗通道的三次采油措施，从而抑制高渗层水窜状况，改善中低渗透层的驱油效果。

④ g5-60 放层生产 NmⅢ6 小层。

第九章 微量物质示踪剂用量优化设计应用

由于微量物质示踪剂用量设计，在整个井间示踪剂监测技术中具有重要的作用，用量设计的合理，可以保证示踪测试的成功。同时用量设计的合理，还可以降低示踪剂的价格和使用成本，扩大推广应用的规模。

按照总稀释模型，$MDL \times V_{pmax}$ 仅相当于掩盖了 1 倍本底浓度，但是示踪剂段塞在地层中运移的过程是一个不断被稀释的过程，存在井网外、层间、井筒内等稀释作用，地层中可能存在着绕流、窜流、天然水侵、底水锥进等渗流过程，以及贾敏效应、吸附、脱附、滞留、微粒运移等复杂物理化学现象，还存在示踪剂与地层矿物、流体的配伍性问题，在进行示踪测试前这些情况都是未知的。而且，在施工过程中不可避免地造成一些施工损耗。因此，非常有必要加一个保障系数，消除各种天然和人工的不利因素，保证见剂且有足够高的峰值浓度，确保示踪测试的成功。影响示踪剂产出浓度的因素有很多，通过室内实验对单个影响因素研究起来非常复杂，而且室内实验与现场试验间存在着一定的偏差。因此，充分利用现有的大量现场试验数据，采用数理统计的方法来研究微量物质示踪剂用量设计是比较科学、可行的。

示踪剂用量设计采用最大稀释体积法：$V_p = 2\pi rh\varphi S_w$；纯示踪物质用量 $A = \mu MDLV_p$，为最大保障系数，保障系数 μ 对有效示踪物质用量起决定性作用，研究认为示踪剂产出浓度的影响因素主要有稀释和损失。

参照微量物质示踪剂用 ICP-MS 法分析时的见剂标准，认为排除分析误差和干扰后，以大于能代表该井组（微区域）本底值的 3~5 倍浓度、并趋势性连续出现三次以上即为见剂（即见示踪剂前沿），以 ng/L 或 ng/mL 表示。

第一节 微量元素井间示踪剂用量设计方法

以 GX 地区为例，对 GX 地区 31 个井组的微量物质监测资料结果进行统计，结果如表 9-1 所示。

表 9-1 GX 地区监测资料结果进行统计

井组	井距/m	平均井距/m	砂岩厚度/m	有效厚度/m	吸水厚度/m	平均孔隙度	平均渗透率/$10^{-3}\mu m^2$	最大含水	平均含水	泥质含量	矿化度/(mg/L)	本底	有效物质/kg	最大产出液浓度/(ng/mL)
X3-8新2(上段)	269	251	3.2	2.4	3.2	0.33	1599	0.96	0.95	0.30	12071	0.031	5.96	
X6-7-3(下段)	158	152	7.7	2.6	1.9	0.33	1131	0.96	0.79	0.23	16015	0.052	5.17	0.49
X13-6-2(上段)	100	85	7.0	2.6	7.0	0.33		0.71	0.71		6728	0.010	1.61	1.27
X40-22	372	192	6.6	5.8		0.36	1528	0.87	0.73	0.13		0.026	10.21	0.60
X6-7-3(上段)	238	171	15.6	6.2	2.0	0.34	1352	0.96	0.81	0.11	16015	0.016	11.18	1.30
X39-6-2	316	279	10.6	10.2		0.37	2033	0.84	0.81	0.06	1068	0.011	17.74	0.90
X4-7-1(下段)	385	145	11.6	8.8	13.4	0.3981	2435	0.97	0.96	0.10	12071	0.037	13.87	0.74
X40-6-1(上段)	356	218	7.5	7.4	6.5	0.37	1672	0.96	0.65	0.08		0.015	14.56	0.40
X3-8新2(下段)	269	178	10.8	7.6		0.36	1971	0.97	0.96	0.09	12071	0.018	10.71	0.42
X2-6-3(下段)	242	215	8.6	4.8		0.27	462	0.97	0.92	0.19		0.043	6.75	0.40
X8-15-1	249	243	14.5	6.8	2.0	0.33	1093	0.54	0.53	0.10	12071	0.014	7.59	0.20
X40-6-1(下段)	356	118	8.3	5.2	1.8	0.37	1921	0.96	0.65	0.12	9980	0.006	8.06	
X48-2-1	191	154	10.5	4.6	9.2	0.40	2688	0.97	0.38	0.12		0.011	5.88	0.50
X4-9-1(上段)	254	201	13.9	10.4	5.5	0.3333	1211	0.98	0.94	0.04	12071	0.059	13.65	0.80
X13-6-2(下段)	125	125	34.0	8.1	8.6	0.33		0.97	0.65	0.08	6728	0.010	8.23	0.75
X2-6-3(上段)	242	186	13.9	8.8	3.0	0.31	872	0.97	0.94	0.10	12071	0.034	11.52	4.24
X4-9-1(下段)	254	201	17.8	7.4		0.36	1546	0.98	0.94	0.11	12071	0.010	10.44	0.49
X4-7-1(上段)	385	245	11.3		11.3	0.3463	1353	0.97	0.96		12071	0.026	11.53	0.82
X53-2-2(上段)	130		4.5			0.30		0.90	0.75			0.013	6.30	2.10
X53-2-2(下段)	415	125	12.5			0.30		0.90	0.75			0.010	11.87	2.40

续表

井组	井距/m	平均井距/m	砂岩厚度/m	有效厚度/m	吸水厚度/m	平均孔隙度	平均渗透率/$10^{-3}\mu m^2$	最大含水	平均含水	泥质含量	矿化度/(mg/L)	本底	有效物质/kg	最大产出液浓度/(ng/mL)
X41-7-1(上段)	150	150	7.7			0.31	1680	0.91	0.68		13150	0.003	6.39	0.79
X41-7-1(下段)	385	128	11.0			0.31	1680	0.91	0.72		13150	0.016	12.24	0.19
X40-16	476	145	8.6		5.4	0.36	1533	0.99	0.60	0.08		0.010	17.36	0.97
X16-4-1	206	151	23.0			0.34	1240	0.97	0.97	0.24	6728	0.017	13.34	3.97
G141	499	105	9.8		3.0	0.33		1.00	0.98		9358	0.011	15.91	1.83
X36-10-3(上段)	150	120	9.2			0.34	2348	0.91	0.92	0.28	8489	0.040	7.23	1.83
X36-10-3(下段)	350	120	12.2			0.34	2348	0.91	0.92	0.12	8489	0.060	12.64	0.26
G23	285	250	3.6			0.36	1173	0.96	0.70		6728	0.010	6.67	0.85
X37-5-2	269	255	11.3		2.0	0.34		0.92	0.80	0.24	9358	0.031	15.07	3.26
X12-8-5	180	158	22.5		7.9	0.24	357	0.96	0.96	0.27	11015	0.010	12.27	2.30
X41-23	479	148	9.4			0.34	1307	0.88	0.76	0.06		0.012	18.49	0.51

1. 稀释因素

1) 总稀释因素

根据统计结果,从稀释作用和材料耗损两方面对示踪剂产出浓度影响因素进行分析。

稀释作用的影响因素取决于井网和地质条件,具体包括总稀释模型计算公式中的井距、厚度、孔隙度、含水饱和度等计算稀释体积的因素,因此稀释体积和有效示踪物质用量是稀释因素中的两个决定性指标。

在以往的监测方案设计中,为确保监测成功,采取了保守算法,即用井组的最大稀释体积来进行示踪剂用量计算:

$$V_{pmax} = \pi R^2 h \phi S_w \quad (9-1)$$

式中:V_{pmax}——最大稀释体积,m^3;

π——圆周率,取 3.14;

R——稀释半径,m,取井组范围内的最大井距;

h——稀释厚度,m,取水井监测层段砂岩厚度;

ϕ——孔隙度,小数,取水井监测层段各小层孔隙度厚度加权平均值;

S_w——含水饱和度,小数,以井组范围内油井最大含水率代替。

找到有效示踪物质用量与最大稀释体积之间相关性(图9-1)。

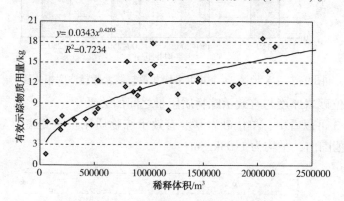

图 9-1 GX 地区 31 个井组有效示踪物质
用量-最大稀释体积关系曲线

由此可以看出,有效示踪物质用量随着最大稀释体积的增大而增加。对数据进行曲线拟合后,线性曲线相关系数为 0.6008,指数曲线为 0.5143,对数曲线为 0.6656,乘幂曲线为 0.7234,乘幂关系曲线的相关系数最高。由此可以确定,最大稀释体积与有效示踪物质用量之间基本呈乘幂关系。

2) 单一因素

(1) 平均井距与最大稀释浓度的相关性(表9-2)。

表 9-2　井距校正参考指标

井距/m	设计参考最大稀释浓度/(ng/mL)
<150	14.72
150~200	15.83
200~250	16.19
>250	20.73

考虑以平均井距对总稀释模型中的最大稀释浓度进行校正，以平衡井距引起的最大稀释作用与平均稀释作用之间的偏差。由图 9-2 可以看出，最大稀释浓度随着井距的增加而增大，平均井距对最大稀释浓度的校正取值可参考表 9-1。

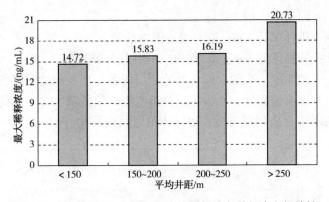

图 9-2　GX 地区 31 个井组平均井距与最大稀释浓度相关性

（2）单位砂岩厚度与有效示踪物质用量之间的关系。

由图 9-3 可以看出，单位砂岩厚度有效示踪物质用量主要集中分布在 0.5~1.5kg/m 的范围内，平均为 1.08kg/m。

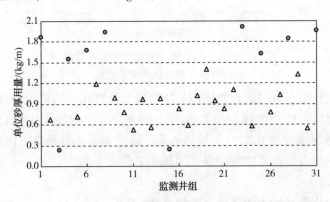

图 9-3　GX 地区 31 个井组单位砂岩厚度有效示踪物质用量统计

(3) 有效示踪物质用量与有效厚度之间的相关性。

由于油藏条件的复杂性，即使是划分到小层级别的砂岩中也会有一定厚度的泥岩夹层分布，一般情况下这些夹层不具备渗流能力，不会对示踪剂的稀释作用产生影响，因此有必要考虑有效厚度对示踪剂稀释作用的影响，以细化用量设计。由图9-4可知，单位有效厚度的有效示踪物质用量介于0.62~2.48kg/m之间，平均1.5kg/m，有效示踪物质用量与有效厚度之间基本上呈线性关系，线性相关系数为0.7458。

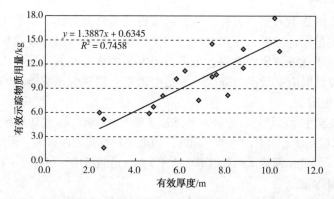

图9-4 GX地区31个井组有效示踪物质用量与有效厚度关系曲线

(4) 井组综合含水与最大稀释浓度的相关性。

考虑以井组范围内各油井的综合含水对总稀释模型中的最大稀释浓度进行校正，以平衡含水率导致的最大稀释作用与平均稀释作用之间的偏差。由图9-5可以看出，最大稀释浓度随着井组综合含水的增加而增大，综合含水对最大稀释浓度的校正取值可参考表9-3。另外，对于边、底水活跃，动态分析怀疑断层不密封、层间存在窜流的情况，应适当增加一些有效示踪物质用量。

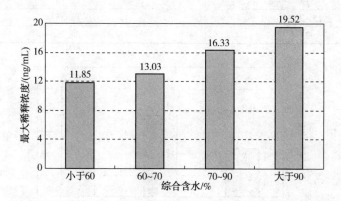

图9-5 GX地区31个井组综合含水与最大稀释浓度相关性

表 9-3 含水率校正参考指标

综合含水/%	设计参考最大稀释浓度/(ng/mL)
<60	11.85
60~70	13.03
70~90	16.33
>90	19.52

2. 耗损因素

损耗因素的影响有很多方面,研究起来也是非常复杂的。我们采用统计方法确定示踪剂用量设计原则,无形之中已经把影响示踪剂产出浓度的所有因素都包括在内了,但毕竟统计资料有限,地下情况复杂多变,尤其是那些未知因素的影响,因此在设计时有必要同时兼顾一下这些因素,以确保示踪监测的成功。

1) 吸附作用

吸附的决定性因素是岩石比表面和地层矿物中泥质含量(尤其是黏土含量),另外还受地层水矿化度等因素的影响。因此,当地层岩石比表面较大、泥质含量和矿化度较高时(大于同期示踪测试的井组平均水平),应适当增加一些有效示踪物质用量。

(1) 泥质含量。

油层中的泥质隔夹层虽然一般不会对示踪剂的稀释作用产生影响,但泥岩中含有的黏土矿会对示踪剂的吸附作用产生影响,造成有效示踪物质损耗。统计了31个井组监测层段测井解释泥质含量与最大稀释浓度之间的相关关系,见图9-6。由此可以看出,当监测层段的泥质含量增加时,最大稀释浓度也应该适当增加,参考范围见表9-4。

表 9-4 泥质含量校正参考指标

泥质含量/%	设计参考最大稀释浓度/(ng/mL)
<15	11.15
15~25	18.85
>25	28.23

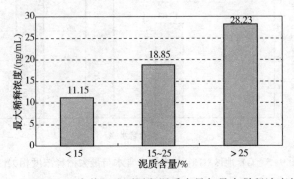

图 9-6 GX 地区 31 个井组监测层段泥质含量与最大稀释浓度相关性

(2) 地层水矿化度。

地层水中所含有的离子会对示踪剂性质产生影响，进而影响有效示踪物质在地层中的吸附作用。由图9-7可知，地层水矿化度增加时，最大稀释浓度也应该适当增加，参考范围见表9-5。

表9-5 地层水矿化度校正参考指标

地层水矿化度/ppm(10^{-6})	设计参考最大稀释浓度/(ng/mL)
<5000	17.16
5000~10000	17.52
10000~15000	18.38
>15000	19.69

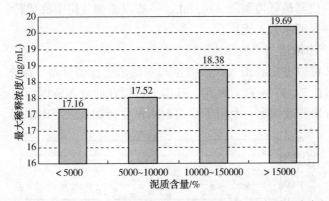

图9-7 GX地区31个井组监测井组地层水矿化度与最大稀释浓度相关性

2) 微粒运移

微粒运移很严重时，一个非常明显的特征就是地层出砂。因此，当地层严重出砂时，可以视经济条件在正常设计基础上增加部分有效示踪物质用量。

3) 贾敏效应

贾敏效应是由地层多相渗流引起的，油气水三相渗流、乳化等都会引起贾敏效应，而暂堵渗流通道。因此，当油井产气较多、乳化较严重时，可以视经济条件在正常设计基础上增加部分有效示踪物质用量。

4) 人为耗损

在材料运输和施工过程中不可避免地造成一些施工损耗，设计时应该把这部分因素考虑在内。因此，可以视经济条件在正常设计基础上增加部分有效示踪物质用量。

3. 本底-设计-产出浓度相关性

统计了31个成功监测井组的本底浓度、最大稀释浓度(最大稀释体积下设计出的均匀稀释浓度)和相关取样井产出示踪剂的最大峰值浓度,三者之间相关关系见图 9-8~图 9-10。

1)最大稀释浓度与本底浓度

由图 9-8 可以看出,最大稀释浓度与本底浓度比值分布范围在 145~3143 之间,集中分布在 1000 左右。由总稀释模型中有效示踪物质计算公式(9-2)可知,最大稀释浓度与本底浓度的比值相当于公式中的保障系数。因此,可以按照式(9-1)计算出最大稀释体积后,取保障系数 1000 进行有效示踪物质用量的初步估算。

$$M_e = \mu \cdot MDL \cdot V_{Pmax} \times 10^{-6} \quad (9-2)$$

式中　M_e——有效示踪物质用量,kg;

V_{Pmax}——最大稀释体积,m³;

MDL——仪器最低检测限,ng/mL,一般以监测井组本底代替;

μ——保障系数,无因次。

2)最大产出浓度与本底浓度

由图 9-8 可以看出,最大产出浓度与本底浓度比值分布范围在 9.23~263 之间,集中分布在 74.11 左右。因此,基本上可以在此分布范围内对示踪剂的最大产出浓度进行预测或确定一个用于示踪剂用量设计的最大产出浓度。

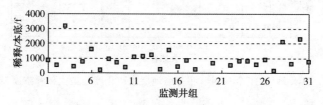

图 9-8　GX 地区 31 个井组最大稀释浓度与本底浓度相关性

3)最大稀释浓度与最大产出浓度

由图 9-9 可以看出,最大稀释浓度与最大产出浓度比值分布范围在 2.7~75.3 之间,集中分布在 25.4 左右。因此,基本上能够以图 9-8 中确定的最大产出浓度为基础,在最大稀释浓度与最大产出浓度相关关系范围内去确定设计的最大稀释浓度,并与式(9-2)结合做进一步计算。

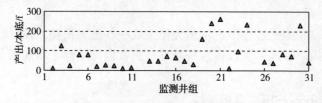

图 9-9　GX 地区 31 个井组最大稀释浓度与最大产出浓度相关性

4. 用量设计方法建立

通过统计 GX 地区 31 个成功监测井组的用量设计规律和示踪剂产出浓度规律，确定了最大稀释体积与有效示踪物质用量间的相关关系、单一稀释和损耗因素跟最大稀释浓度之间的相关关系、砂岩有效厚度与有效示踪物质用量之间的相关关系以及本底浓度-最大稀释浓度-示踪剂产出浓度之间的相互关系。在以上统计规律基础上，可以进一步对用量设计方法进行改进，使之科学化、合理化、最优化（图 9-10）。

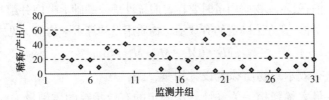

图 9-10　GX 地区 31 个井组最大产出浓度与本底浓度相关性

1）最大稀释相关关系计算法

进行微量物质示踪剂用量设计时，可先按照式（9-1）中的参数进行统计，计算井组范围内的最大稀释体积，然后按照式（9-2）估算有效示踪物质用量，记为 M_{e_1}。

$$M_{e_1} = 0.0343 V_{Pmax}^{0.4205} \tag{9-3}$$

式中　M_{e_1}——最大稀释相关关系计算法确定的有效示踪物质用量，kg；

V_{Pmax}——最大稀释体积，m³。

2）有效厚度相关关系计算法

确定了监测层段砂岩有效厚度后，可以根据有效厚度与有效示踪物质用量间的相关关系，按照式（9-4）计算有效示踪物质用量，记为 M_{e_2}。

$$M_{e_2} = 1.3887 h_e + 0.6345 \tag{9-4}$$

式中　M_{e_2}——有效厚度相关关系计算法确定的有效示踪物质用量，kg；

h_e——砂岩有效厚度，m。

3）单一因素校正计算法

计算出监测井组井距、含水、泥质含量和地层水矿化度的平均值，根据统计出的各单一因素对最大稀释浓度的校正标准，确定出各单一因素对应的最大稀释浓度，取算数平均，以此平均值作为设计的最大稀释浓度，按照式（9-1）计算出井组最大稀释体积，根据式（9-5）计算有效示踪物质用量，记为 M_{e_3}。

$$M_{e_3} = \varepsilon_{max} \times V_{Pmax} \tag{9-5}$$

式中　M_{e_3}——单一因素校正计算法确定的有效示踪物质用量，kg；

V_{Pmax}——最大稀释体积，m³；

ε_{max}——设计最大稀释浓度，ng/mL。

4) 综合计算法

统计出的三种计算方法具有以下特点：最大稀释相关关系计算法综合考虑了稀释作用和材料损耗的影响；有效厚度相关关系计算法主要考虑了厚度因素的影响，通过有效厚度来平衡与砂岩厚度之间的差异；单一因素校正计算法主要考虑了井距、含水两个稀释因素和泥质含量、地层水矿化度两个损耗因素，以井组范围内各单因素平均水平去平衡与最大稀释体积之间的差异。

由于地层条件的复杂性，各井组状况互不相同，既不能一概而论，也不能以偏概全，因此，设计有效示踪物质用量时要在普遍统计规律基础上考虑井组自身特点进行校正，可以取三种计算方法确定的有效示踪物质用量的算术平均值，见式(9-6)。

$$M_e = (M_{e_1} + M_{e_2} + M_{e_3})/3 \quad (9-6)$$

式中 M_e——有效示踪物质综合设计用量，kg；

M_{e_1}——最大稀释相关关系计算法确定的有效示踪物质用量，kg；

M_{e_2}——有效厚度相关关系计算法确定的有效示踪物质用量，kg；

M_{e_3}——单一因素校正计算法确定的有效示踪物质用量，kg。

5) 用量优化设计

可以根据以上统计出的 GX 地区 31 个成功监测井组的示踪剂用量计算规律进行有效示踪物质用量计算，但仅是照搬之前的用量设计原则，起不到减少用量、节约成本的作用。根据统计结果，目前 31 个井组示踪剂最大产出浓度是本底浓度(或仪器最低检测限)的 9.2~263 倍之间，平均为 75 倍，依照中国石油天然气股份有限公司企业标准《水驱油田井间示踪技术规范》(Q/SY 127—2005)，"有效示踪物质地面最大采出浓度应是分析仪器最低检测极限的 50~100 倍"，因此，可以取有效示踪物质地面最大采出浓度的下限—分析仪器最低检测限的 50 倍，来进行用量设计。

对 31 个井组最大稀释浓度与最大地面产出浓度的平均水平进行了统计，二者之间基本上呈现乘幂关系(图 9-11)，相关系数 0.9502，相关性较好，定量化关系见式(9-7)。

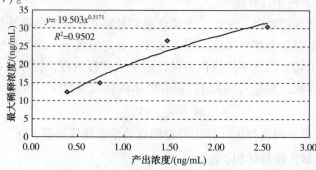

图 9-11　GX 地区 31 个井组最大稀释浓度与最大产出浓度相关曲线

$$\varepsilon_{max} = 19.05\delta_{max}^{0.5171} \tag{9-7}$$

式中 ε_{max}——设计最大稀释浓度，ng/mL；

δ_{max}——地面最大产出浓度，ng/mL。

根据式(9-10)，将示踪剂地面最大产出浓度由仪器最低检测限（或本底浓度）的75倍降为50倍后，相应的最大稀释浓度降为原来设计标准的0.8倍。由式(9-5)可知最大稀释浓度与有效示踪物质用量呈线性关系，因此，可以按照式(9-8)确定最优化有效示踪物质用量：

$$\overline{M}_e = 0.8 M_e \tag{9-8}$$

式中 $\overline{M}_e$——有效示踪物质最优化用量，kg；

M_e——有效示踪物质综合设计用量，kg。

按照式(9-9)确定示踪剂用量：

$$M_t = \frac{\overline{M}_e}{\omega} \times 100 \tag{9-9}$$

式中 M_t——示踪剂用量，kg；

$\overline{M}_e$——有效示踪物质最优化用量，kg；

ω——有效示踪物质在示踪剂中所占的质量百分数，%。

特别注意在复杂的油藏环境中，影响示踪剂产出浓度的因素有很多，通过简单的统计无法建立示踪剂用量与各种影响因素之间的相关关系，以上统计规律也只能反映出几个主要因素的影响情况，而且以上计算方法仅局限于理论上的最优化计算，仅能提供一个示踪剂用量设计的大致方法，确定一个示踪剂用量的大概范围。在示踪剂用量的实际设计过程中，还需要与现场动静态资料紧密结合，综合分析各井组地质、开发方面的具体情况，对理论上确定的最优化设计用量进行酌情调整，以达到真正最优化设计的目的，在保证测试成功的前提下，尽可能减少示踪剂用量。

第二节 微量元素井间示踪剂用量计算

1. 优化用量计算

利用建立的示踪剂用量设计方法对GX地区31个井组的示踪剂用量进行计算，如表9-6所示。31个井组实际用有效示踪物质330kg，采用建立的最优化设计方法计算用量293kg，节省有效示踪物质37kg，按照有效示踪物质在示踪剂中所占的质量百分数为16%计算，可节约示踪剂231.25kg，平均每井组减少用量7.5kg。

表9-6　31个井组不同算法有效示踪物质用量设计结果

井组	实际用量/kg	最大稀释相关关系法/kg	单一因素校正法/kg	有效厚度相关关系法/kg	最优化用量/kg
X3-8新2(上段)	5.96	6.17	5.01	3.97	4.10
X6-7-3(下段)	5.17	5.69	3.36	4.25	3.59
X13-6-2(上段)	1.61	3.28	0.83	4.25	2.26
X40-22	10.21	10.92	13.13	8.69	8.85
X6-7-3(上段)	11.18	11.01	14.53	9.24	9.40
X39-6-2	17.74	11.59	17.05	14.80	11.74
X4-7-1(下段)	13.87	15.59	33.63	12.86	16.78
X40-6-1(上段)	14.56	11.67	14.34	10.91	9.98
X3-8新2(下段)	10.71	10.70	13.98	11.19	9.70
X2-6-3(下段)	6.75	7.93	7.62	7.30	6.18
X8-15-1	7.59	8.57	6.69	10.08	6.85
X40-6-1(下段)	8.06	12.26	16.84	7.86	9.99
X48-2-1	5.88	8.34	6.21	7.02	5.83
X4-9—1(上段)	13.65	11.03	15.13	15.08	11.15
X13-6-2(下段)	8.23	8.79	8.06	11.88	7.76
X2-6-3(上段)	11.52	10.30	12.79	12.86	9.72
X4-9—1(下段)	10.44	12.60	20.75	10.91	11.96
X4-7-1(上段)	11.53	14.54	29.15	9.15	14.28
X53-2-2(上段)	6.30	3.61	1.05	4.03	2.35
X53-2-2(下段)	11.87	14.73	28.34	10.06	14.36
X41-7-1(上段)	6.39	5.20	2.36	6.44	3.78
X41-7-1(下段)	12.24	13.35	23.80	8.93	12.45
X40-16	17.36	15.81	27.61	7.12	13.66
X16-4-1	13.34	11.50	18.15	17.97	12.87
G141	15.91	16.90	43.68	8.02	18.54
X36-10-3(上段)	7.23	5.83	4.38	7.57	4.80
X36-10-3(下段)	12.64	13.38	23.08	9.83	12.51
G23	6.67	7.06	5.29	3.35	4.24
X37-5-2	15.07	10.39	14.60	9.15	9.23
X12-8-5	12.27	8.79	10.95	17.59	10.09
X41-23	18.49	15.45	29.23	7.72	14.16
合计	330	323	472	290	293

2. 后续监测井用量设计

选取的GX一区一断块西41-9-3、三区一断块X38-7-1及X38-8-2、三区二断块X2-6-1、三区三断块X13-8、F19断块X27-5、X41-22断块X38-22、X38-7-1、X38-8-2均为油套分注井,共计8个监测井组,10个注入层段。

1) 示踪剂类型筛选

根据《油田注水化学示踪剂的选择方法》(SY/T 5925—1994)和《水驱油田井

间示踪技术规范》(Q/SY 127—2005)中水驱示踪剂特性要求，参照监测井组各取样井产出水中微量元素的本底水平，选择本底浓度低且价格低廉的元素作为示踪剂，示踪剂筛选结果如表9-7所示。

表9-7 示踪剂类型筛选结果

井组（层段）	示踪剂类型	井组范围内平均本底/(ng/mL)
X41-9-3（上段）	Pr	0.016
X41-9-3（下段）	Sm	0.029
X38-7-1（上段）	Pr	0.015
X38-7-1（下段）	Er	0.033
X38-8-2（上段）	Sm	0.022
X38-8-2（下段）	Gd	0.042
X2-6-1	Sm	0.017
X13-8	Er	0.028
X27-5	Pr	0.024
X38-22	Er	0.021

2）示踪剂用量设计

综合考虑井距、砂岩厚度、有效厚度、综合含水等造成示踪剂稀释的因素和泥质含量、地层水矿化度等造成示踪剂损耗的因素后，采用最大稀释体积法计算示踪剂用量。

根据地质、开发资料以及本底测试结果等，按照以上计算公式，确定了10个注入层段所需示踪剂用量，如表9-8所示。

表9-8 示踪剂用量计算结果

注剂井	监测层位	示踪剂类型	示踪剂用量/kg	注入管柱
X41-9-3（上段）	$Nm\,I\,6^1$	Pr	14	套管
X41-9-3（下段）	$Nm\,II\,7^1$	Sm	13	油管
X38-7-1（上段）	$Nm\,II\,2^2 2^2$	Pr	25	套管
X38-7-1（下段）	$Nm\,II\,3^1 3^2$	Er	64	油管
X38-8-2（上段）	$Nm\,II\,2^1 2^2$	Sm	28	套管
X38-8-2（下段）	$Nm\,II\,3^1$	Gd	8	油管
X2-6-1	$Nm\,II\,4^2 5^1 5^3 7^2$	Sm	62	油管
X13-8	$Nm\,II\,2^2 4^2 6^2 8^1 8^3 9^1$	Er	39	油管
X27-5	$Nm\,II\,2^1$	Pr	35	油管
X38-22	$Nm\,II\,5^2 5^3$	Er	27	油管

3）注入工艺参数

根据注剂井组或层段的地层条件、注水状况以及微量物质示踪剂的物理化学特性等，对10个注入层段的注剂工艺参数进行了设计，如表9-9所示。

表9-9 示踪剂注入工艺参数

项目		井组	X41-9-3(上段)	X41-9-3(下段)	X38-7-1(上段)	X38-7-1(下段)	X38-8-2(上段)	X38-8-2(下段)	X2-6-1	X13-8	X27-5	X38-22
生产状况		所属区块	一区一	一区一	三区一	三区一	三区二	三区二	三区二	三区三	三区三	F19
		注入管柱	套管	油管	套管	油管	套管	油管	油管	油管	油管	油管
		配注/(m³/d)	20	30	100	40	40	30	80	90	100	30
		油压/套压/MPa	6.39/4.51	6.39/4.51	10.1/8.5	10.1/8.5	7.61/7.64	7.61/7.64	5.67/5.41	3.42/0.16	6.99/6.91	2.86/2.09
		示踪剂类型	Pr	Sm	Pr	Er	Sm	Gd	Sm	Er	Pr	Er
		示踪剂用量/kg	14	13	25	64	28	8	62	39	35	27
配液		配液用水	常温清水	常温清水	常温清水	常温清水	常温清水	常温清水	常温清水	常温清水	常温清水	常温清水
		配液浓度/%	1.5	1.5	1.5	1.5	1.5	1.5	1.5	1.5	1.5	1.5
		总配液量/m³	1.0	1.0	2.0	4.5	2.0	1.0	4.5	3.0	2.5	2.0
		单桶配液量/m³	0.2	0.2	0.2	0.2	0.2	0.2	0.2	0.2	0.2	0.2
		单桶加剂量/kg	3.0	3.0	3.0	3.0	3.0	3.0	3.0	3.0	3.0	3.0
		配液桶数/桶	5.0	4.5	8.5	21.5	9.5	3.0	21.0	13.0	12.0	9.0
注入		参考注入速度/(m³/h)	2.0	2.0	4.0	9.0	4.0	2.0	9.0	6.0	5.0	4.0
		注入压力上限/MPa	10	10	10	10	10	10	10	10	10	10
顶替		清洗用水	常温清水	常温清水	常温清水	常温清水	常温清水	常温清水	常温清水	常温清水	常温清水	常温清水
		单桶清洗次数/次	2	2	2	2	2	2	2	2	2	2
		配液清洗(顶替)用水量/m³	1.5	1.5	1.5	1.5	1.5	1.5	1.5	1.5	1.5	1.5

参 考 文 献

[1] 姜汉桥，刘同敬．示踪剂测试原理与矿场应用[M]．东营：石油大学出版社，2001．
[2] 宋吉水，王岩楼，等．井间示踪技术[M]．北京：石油工业出版社，2003．
[3] B Zemel 著．赵培华等译．油田示踪技术[M]．北京：石油工业出版社，2005．